研究生系列教材

建设项目全过程造价管理

主　编　李海凌　项　勇
副主编　熊　伟　陈泽友
参　编　让兴燕　石秋妹　赵邱旭　罗　威　王万玲
　　　　周　艳　陈　婷　骆世龙
主　审　王雪青

机械工业出版社

本书以建设方（工程造价咨询机构作为专业的受委托方，代表建设方）的视角，分别从决策阶段、设计阶段、发承包阶段、施工阶段、竣工阶段详细分析了全过程造价管理的关键点，论述了工程总承包与全过程造价咨询相辅相成的关系，并通过工程总承包下的全过程造价管理工作内容对各阶段造价管理的关键点进行总结，同时强调工程总承包模式下的造价管理才是真正的主动、集成化的全过程造价管理。

本书每章首先进行相关内容概述，然后详细介绍不同阶段的造价管理关键点，在难点及重点处设置实例分析，以帮助学生更好地理解。

本书可作为高等院校工程造价、工程管理专业本科生及管理科学与工程学科研究生的教学用书，也可供工程造价从业人员学习参考。

本书配套有电子课件，免费提供给选用本书作为教材的授课教师，需要者请登录机械工业出版社教育服务网（www.cmpedu.com）注册下载。

图书在版编目（CIP）数据

建设项目全过程造价管理/李海凌，项勇主编. —北京：机械工业出版社，2021.11（2025.1 重印）

研究生系列教材

ISBN 978-7-111-69313-0

Ⅰ.①建… Ⅱ.①李… ②项… Ⅲ.①建筑造价管理－研究生－教材 Ⅳ.①TU723.3

中国版本图书馆 CIP 数据核字（2021）第 201942 号

机械工业出版社（北京市百万庄大街 22 号　邮政编码 100037）
策划编辑：刘　涛　责任编辑：刘　涛　何　洋
责任校对：张　力　封面设计：马精明
责任印制：李　昂
北京捷迅佳彩印刷有限公司印刷
2025 年 1 月第 1 版第 2 次印刷
184mm×260mm · 11.25 印张 · 273 千字
标准书号：ISBN 978-7-111-69313-0
定价：49.80 元

电话服务　　　　　　　　　　网络服务
客服电话：010-88361066　　　机 工 官 网：www.cmpbook.com
　　　　　010-88379833　　　机 工 官 博：weibo.com/cmp1952
　　　　　010-68326294　　　金 书 网：www.golden-book.com
封底无防伪标均为盗版　　　　机工教育服务网：www.cmpedu.com

前言

工程造价管理是一项复杂的系统性工作，其管理手段往往通过对工程造价的量化分解来实现，不同建设阶段的工程造价管理手段也有所不同。在传统工程造价管理的基础上，注重工程造价的过程管理、集成管理和风险管理，即为全过程造价管理。

本书以建设方（工程造价咨询机构作为专业的受委托方，代表建设方）的视角，分别从决策阶段、设计阶段、发承包阶段、施工阶段、竣工阶段详细分析全过程造价管理的关键点。

本书基于全过程造价管理是一项环环相扣、不可分解的整体工作，因此，引入工程总承包与全过程造价咨询是相辅相成的关系并进行了论述。建设方或总承包商会不由自主地将上下游建设阶段的造价管理予以衔接，有利于工程造价咨询企业将众多的利益相关者组建为一个系统。工程造价咨询企业进行全过程造价咨询业务的过程就成为一个系统运行的过程，其工作就转化为帮助委托方实现真正意义上的过程集成的全过程造价管理。

本书结构体系完整，教学性强，内容注重实用性，支持启发性和交互式教学。本书每章首先进行相关内容概述，然后详细介绍不同阶段的造价管理关键点，在难点及重点处设置实例分析，以帮助学生更好地理解。本书可作为高等院校工程造价、工程管理专业本科生及管理科学与工程学科研究生的教学用书，也可供工程造价从业人员学习参考。

本书由西华大学李海凌、项勇担任主编，熊伟、陈泽友担任副主编，天津大学王雪青教授担任主审。第1章由李海凌、王万玲共同编写，第2章由陈泽友、赵邱旭共同编写，第3章由李海凌、让兴燕共同编写，第4章由项勇、石秋妹共同编写，第5章由李海凌、熊伟、陈婷共同编写，第6章由项勇、周艳共同编写，第7章由李海凌、罗威、骆世龙共同编写。

本书的编写得到了四川省教育厅项目"工程项目群工作流模型构建及资源优化"（项目编号16ZA0165）、西华大学研究生教育改革创新项目"案例式-启发式-互动式"多维教学方法体系研究（项目编号YJG2018026）、西华大学研究生示范课建设项目"建设项目风险管理"（项目编号SFKC2018004）、本科生质量工程"西华大学以BIM为平台的联合毕业设计"（项目编号RC2000000809）本科生教改项目"新工科背景下多学科协同培养模式在毕业设计中的探索"（项目编号RC2000000562）、研究生教改项目"新工科背景下多学科交叉融合的工程人才培养模式探索与实践"（项目编号RC2000002971）的资助。

本书在编写过程中参考了许多相关文献，主要参考文献列于书末，在此向所有作者致以衷心的感谢。

编者虽然努力，但疏漏难免，恳请广大读者批评指正！

编 者

目录

第1章

概　论

1.1　工程造价概述

1.1.1　工程造价的含义

工程造价通常是指工程建设预计或实际支出的费用。由于所处的角度不同，工程造价有不同的含义。

1. 工程造价的第一种含义——建设投资的角度

工程造价是指建设一项工程预计开支或实际开支的全部固定资产投资费用。

建设方为了控制工程项目的投入费用，需要对项目进行策划决策及建设实施，直至竣工验收等一系列投资管理活动。在上述活动中所花费的全部费用，就构成了工程造价。从这个意义上讲，建设工程造价就是建设项目固定资产总投资。

2. 工程造价的第二种含义——市场交易的角度

工程造价是指为建成一项工程，预计或实际在工程承发包交易活动中所形成的建筑安装工程费用或建设工程总费用。

工程造价的这种含义是指以建设工程这一特定的商品作为交易对象，通过招标投标或其他交易方式，在进行多次预估的基础上，最终由市场形成的价格。这里的工程既可以是涵盖范围很大的一个建设项目，也可以是其中的一个单项工程或单位工程，甚至可以是整个建设工程中的某个阶段，如土地开发工程、建筑装饰工程、安装工程等。通常，工程造价的第二种含义被认定为工程承发包价格。

工程造价的两种含义实质上就是从不同角度把握同一事物的本质。对市场经济条件下的建设方来说，工程造价就是项目投资，是"购买"工程项目要支付的价格；同时，工程造价也是发包人作为市场供给主体"出售"工程项目时确定价格和衡量投资经济效益的尺度。

1.1.2　建设项目总投资及工程造价的构成

1. 建设项目总投资的构成

建设项目总投资是为完成工程项目建设并达到使用要求或生产条件，在建设期内预计或实际投入的全部费用总和（见图 1-1）。

建设项目总投资可分为生产性建设项目总投资和非生产性建设项目总投资。其中，生产性建设项目总投资包括固定资产投资和流动资产投资两部分（见图1-1）；非生产性建设项目总投资则只进行固定资产投资。

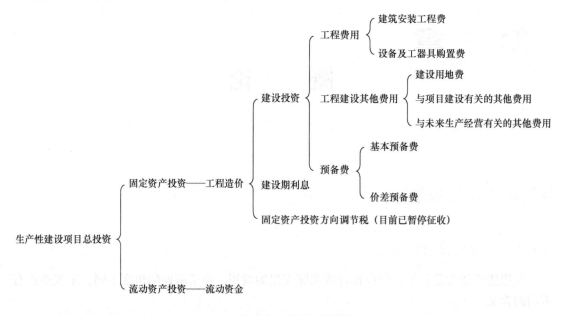

图 1-1　生产性建设项目总投资的构成

2. 工程造价的构成

工程造价由建设投资和建设期利息构成。

工程造价的主要构成部分是建设投资。建设投资是为完成工程项目建设，在建设期内投入且形成现金流出的全部费用。根据国家发展和改革委员会（简称发改委）与住房和城乡建设部（简称住建部）发布的《建设项目经济评价方法与参数（第三版）》（发改投资〔2006〕1325号）的规定，建设投资包括工程费用、工程建设其他费用和预备费三部分。

工程费用是指建设期内直接用于工程建造、设备购置及其安装的建设投资，可以分为建筑安装工程费和设备及工器具购置费。

工程建设其他费用是指建设期发生的与土地使用权取得、整个工程项目建设以及未来生产经营有关的构成建设投资但不包括在工程费用中的费用。

预备费是在建设期内为各种不可预见因素的变化而预留的可能增加的费用，包括基本预备费和价差预备费。

（1）建筑安装工程费的构成

建筑安装工程费是指为完成工程项目建造、生产性设备及配套工程安装所需的费用。

1）建筑工程费的构成。

① 各类房屋建筑工程和列入房屋建筑工程预算的供水、供暖、卫生、通风、煤气等设备费用及其装饰、涂饰工程的费用，如列入建筑工程预算的各种管道、电力、电信和电缆导线敷设工程的费用。

② 设备基础、支柱、工作台、烟囱、水塔、水池、灰塔等建筑工程以及各种炉窑的砌

筑工程和金属结构工程的费用。

③ 为施工而进行的场地平整，工程水文地质勘查，原有建筑物和障碍物的拆除以及施工临时用水、电、气、路和完工后的场地清理，环境绿化、美化等工作的费用。

④ 矿井开凿，井巷延伸，露天矿剥离，石油、天然气钻井，修建铁路、公路、桥梁、水库、堤坝、灌渠及防洪等工程的费用。

2）安装工程费的构成。

① 生产、动力、起重、运输、传动和医疗、实验等各种需要安装的机械设备的装配费用，与设备相连的工作台、梯子、栏杆等设施的工程费用，附属于被安装设备的管线敷设工程费用，以及被安装设备的绝缘、防腐、保温、油漆等工作的材料费和安装费。

② 为测定安装工程质量，对单台设备进行单机试运转、对系统设备进行系统联动无负荷试运转工作的调试费。

（2）设备及工器具购置费的构成

设备及工器具购置费用是由设备购置费和工具、器具及生产家具购置费构成的。

1）设备购置费的构成。设备购置费是指购置或自制的达到固定资产标准的设备、工器具及生产家具等所需的费用。它由设备原价和设备运杂费构成。

2）工具、器具及生产家具购置费的构成。工器具及生产家具购置费是指新建或扩建项目初步设计规定的，保证初期正常生产必须购置的没有达到固定资产标准的设备、仪器、工卡模具、器具、生产家具和备品备件等的购置费用。一般以设备购置费为计算基数，按照部门或行业规定的工具、器具及生产家具费率计算。

（3）建设用地费

建设用地费是指为获得建设项目的土地使用权而在建设期内发生的各项费用，包括通过划拨方式取得土地使用权而支付的土地征用及迁移补偿费，或者通过土地使用权出让方式取得土地使用权而支付的土地使用权出让金。

（4）与建设项目相关的其他费用

1）建设管理费。建设管理费是指建设单位为组织完成工程项目建设，在建设期内发生的各类管理性费用。

① 建设单位管理费。建设单位管理费是指建设单位发生的管理性质的开支。它包括工作人员工资、工资性补贴、施工现场津贴、职工福利费、住房基金、基本养老保险费、基本医疗保险费、失业保险费、工伤保险费，办公费、差旅交通费、劳动保护费、工具器具使用费、固定资产使用费、必要的办公及生活用品购置费、必要的通信设备及交通工具购置费、零星固定资产购置费、招募生产工人费、技术图书资料费、业务招待费、设计审查费、工程招标费、合同契约公证费、法律顾问费、咨询费、完工清理费、竣工验收费、印花税和其他管理性质开支。

② 工程监理费。工程监理费是指建设单位委托工程监理单位实施工程监理的费用。

2）可行性研究费。可行性研究费是指在工程项目投资决策阶段，依据调研报告对有关建设方案、技术方案或生产经营方案进行的技术经济论证，以及编制、评审可行性研究报告所需的费用。

3）研究试验费。研究试验费是指为建设项目提供或验证设计数据、资料等进行必要的研究试验及按照相关规定在建设过程中必须进行试验、验证所需的费用。它包括自行或委托其他部门研究试验所需的人工费、材料费、试验设备及仪器使用费等。

4）勘察设计费。勘察设计费是指对工程项目进行工程水文地质勘查、工程设计所发生的费用。它包括工程勘察费、初步设计费（基础设计费）、施工图设计费（详细设计费）、设计模型制作费等。

5）环境影响评价费。环境影响评价费是指按照《中华人民共和国环境保护法》《中华人民共和国环境影响评价法》等规定，在工程项目投资决策过程中，对其进行环境污染或影响评价所需的费用。

6）劳动安全卫生评价费。劳动安全卫生评价费是指按照《建设项目（工程）劳动安全卫生监察规定》和《建设项目（工程）劳动安全卫生预评价管理办法》的规定，在工程项目投资决策过程中为编制劳动安全卫生评价报告所需的费用。它包括编制建设项目劳动安全卫生预评价大纲和劳动安全卫生预评价报告书，以及为编制上述文件所进行的工程分析和环境现状调查等所需的费用。

7）场地准备及临时设施费。场地准备及临时设施费由建设项目场地准备费和建设单位临时设施费组成。

① 建设项目场地准备费。建设项目场地准备费是指为使工程项目的建设场地达到开工条件，由建设单位组织进行的场地平整等准备工作而发生的费用。

② 建设单位临时设施费。建设单位临时设施费是指建设单位为满足工程项目建设、生活、办公的需要，用于临时设施建设、维修、租赁、使用所发生或摊销的费用。

8）引进技术和引进设备其他费。引进技术和引进设备其他费是指引进技术和设备发生的但未计入设备购置费中的费用。

9）工程保险费。工程保险费是指为转移工程项目建设的意外风险，在建设期内对建筑工程、安装工程、机械设备和人身安全进行投保而发生的费用。它包括建筑安装工程一切险、引进设备财产保险和人身意外伤害险等。

10）特殊设备安全监督检验费。特殊设备安全监督检验费是指安全监察部门对在施工现场组装的锅炉及压力容器、压力管道、消防设备、燃气设备、电梯等特殊设备和设施实施安全检验收取的费用。

11）市政公用设施费。市政公用设施费是指使用市政公用设施的工程项目，按照项目所在地省级人民政府有关规定建设或缴纳的市政公用设施建设配套费用，以及绿化工程补偿费用。

（5）与未来生产经营相关的其他费用

1）联合试运转费。联合试运转费是指新建或新增加生产能力的工程项目，在交付生产前按照设计文件规定的工程质量标准和技术要求，对整个生产线或装置进行负荷联合试运转所发生的费用净支出（试运转支出大于收入的差额部分费用）。试运转支出包括试运转所需原材料、燃料及动力消耗、低值易耗品、其他物料消耗、工具用具使用费、机械使用费、保险金、施工单位参加试运转人员的工资以及专家指导费等；试运转收入包括试运转期间的产品销售收入和其他收入。联合试运转费不包括应由设备安装工程费用开支的调试及试车费用，以及在试运转中暴露出来的因施工原因或设备缺陷等发生的处理费用。

2）专利及专有技术使用费。专利及专有技术使用费是指在建设期内为取得专利、专有技术、商标权、商誉、特许经营权等发生的费用。

3）生产准备及开办费。生产准备及开办费是指在建设期内，建设单位为保证项目正常生产而发生的人员培训费、提前进厂费，以及投入使用必备的办公、生活家具用具及工器具等的购置费用。

（6）预备费

1）基本预备费。基本预备费是指投资估算或工程概算阶段预留的，由于工程实施中不可预见的工程变更及洽商、一般自然灾害处理、地下障碍物处理、超规超限设备运输等可能增加的费用。费用的内容具体包括：

① 在批准的初步设计范围内，技术设计、施工图设计及施工过程中所增加的工程费用，以及设计变更、工程变更、材料代用、局部地基处理等增加的费用。

② 一般自然灾害造成的损失和预防自然灾害所采取的措施费用。实行工程保险的工程项目，该费用应适当降低。

③ 竣工验收时，为鉴定工程质量，对隐蔽工程进行必要的挖掘和修复费用。

④ 超规超限设备运输增加的费用。

2）价差预备费。价差预备费是指建设项目在建设期内由于利率、汇率等价格因素的变化引起工程造价变化而预留的可能增加的费用。价差预备费的内容包括人工、设备、材料、施工机械的价差费，建筑安装工程费及工程建设其他费用调整，利率、汇率调整等增加的费用。

（7）建设期利息

建设期利息是指建设期内发生的为工程项目筹措资金的融资费用及债务资金利息。建设期利息具体包括向国内银行和其他非银行金融机构贷款、出口信贷、外国政府贷款、国际商业银行贷款以及在境内外发行的债券等在建设期间内应偿还的借款利息。

1.1.3 工程造价计价的多阶段性和多次性

建设项目从决策到竣工交付使用，都有一个较长的建设期。在整个建设期内，构成工程造价的任何因素的变化都会影响工程造价的变动，不能一次确定准确的价格，要到竣工结算才能最终确定工程造价。因此，需要对工程项目建设程序的各个阶段进行计价，以保证工程造价确定和控制的科学性。

依据建设程序，工程造价的确定与工程建设阶段性工作的深度相适应。一般可分为以下阶段：

1）项目建议书阶段。该阶段编制的初步投资估算，经有关部门批准，即作为拟建项目进行投资计划和前期造价控制的工作依据。

2）可行性研究阶段。该阶段编制的投资估算，经有关部门批准，即成为该项目造价控制的目标限额。

3）初步设计阶段。该阶段编制的工程概算，经有关部门批准，即为控制拟建项目工程造价的具体最高限额。在初步设计阶段，对实行工程总承包的项目，其合同价也应在最高限价（工程概算）相应的范围内。

4）技术设计阶段。该阶段进一步解决初步设计的重大技术问题，如工艺流程、建筑结构、设备选型等，应编制修正概算。

5）施工图设计阶段。编制的施工图预算，用以核实施工图阶段造价是否超过批准的工程概算。

6）工程发承包阶段。该阶段编制的合同价，是以经济合同形式确定的建安工程造价。

7）工程施工阶段。该阶段要按照承包人实际完成的工程量，以合同价为基础，同时考虑因物价上涨引起的合同价款调整，考虑设计中难以预料的而在施工阶段实际发生的工程变更费用，合理确定竣工结算价。承发包双方应严格履行合同，使造价控制在合同价以内。

8）竣工验收阶段。该阶段全面总结在工程建设过程中实际花费的全部费用，编制竣工决算价，如实体现建设工程的实际造价。

建设项目是按规定的基本建设程序进行建造的。基本建设程序的各个阶段是由粗到细、由浅入深的渐进过程，要对应进行多次的工程计价，形成各阶段的工程造价文件，以适应工程建设过程中各方经济关系的建立，保证工程造价计算的准确性和控制的有效性。多阶段性和多次性计价是个逐步深化、逐步细化和逐步接近实际造价的过程。建设程序的各阶段工程造价确定如图1-2所示。

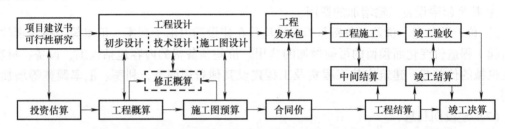

图1-2　建设程序的各阶段工程造价确定

注：竖向箭头表示对应关系；横向箭头表示多次计价流程及逐步深化过程。

工程造价的编制是泛指估算、概算、预算、招标控制价、报价、工程结算和竣工决算等造价文件的编审工作。

1.1.4　工程造价的计价组合性

建设项目是"基本建设项目"的简称，是以建设工程为载体的项目，是作为被管理对象的一次性工程建设任务。它以建筑物或构筑物为目标产出物，需要按照一定的程序、在一定的时间内完成，并应符合相关质量要求。

根据组成内容和层次，建设项目按照分解管理的需要从大至小依次可分解为建设项目、单项工程、单位工程、分部工程和分项工程。

1. 建设项目

建设项目是指按一个总体规划或设计进行建设的，由一个或若干个互有内在联系的单项工程组成的工程总和。

建设项目的总体规划或设计是对拟建工程的建设规模、主要建筑物和构筑物、交通运输路网、各种场地、绿化设施等进行合理规划与布置所做的文字说明和图样文件。如新建一座工厂，应该包括厂房车间、办公大楼、食堂、库房、烟囱、水塔等建筑物、构筑物以及它们之间相联系的道路；又如新建一所学校，应该包括办公行政楼、一栋或几栋教学大楼、实验楼、图书馆、学生宿舍等建筑物。这些建筑物或构筑物都应包括在一个总体规划或设计之中，并反映它们之间的内在联系和区别。

2. 单项工程

单项工程是指具有独立的设计文件，建成后能够独立发挥生产能力或使用功能的工程项目。

单项工程是建设项目的组成部分，一个建设项目可以包括多个单项工程，也可以仅有一个单项工程。如工业建筑中一座工厂的各个生产车间、办公大楼、食堂、库房、烟囱、水塔等，非工业建筑中一所学校的教学大楼、图书馆、实验室、学生宿舍等，都是具体的单项工程。

3. 单位工程

单位工程是指具有独立的设计文件，能够独立组织施工，但不能独立发挥生产能力或使用功能的工程项目。

单位工程是单项工程的组成部分。在工业与民用建筑中，如一幢教学大楼或写字楼，可以划分为建筑与装饰工程、电气设备安装工程、给水排水工程等单位工程。

4. 分部工程

分部工程是单位工程的组成部分，是按结构部位、路段长度及施工特点或施工任务将单位工程划分为若干个项目单元。如土石方工程、地基基础工程、砌筑工程等就是房屋建筑工程的分部工程，楼地面工程、墙柱面工程、天棚工程、门窗工程等就是装饰工程的分部工程。

5. 分项工程

在每一个分部工程中，因为构造、使用材料规格或施工方法等不同，完成同一计量单位的工程所需要消耗的人工、材料和机械台班数量及其价值的差别也很大，因此，还需要把分部工程进一步划分为分项工程。分项工程是分部工程的组成部分，是按不同施工方法、材料、工序等将分部工程划分为若干个项目单元。

综上所述，一个建设项目由一个或几个单项工程组成，一个单项工程由一个或几个单位工程组成，一个单位工程又由若干个分部工程组成，一个分部工程又可划分为若干个分项工程。建设项目划分示例如图 1-3 所示。

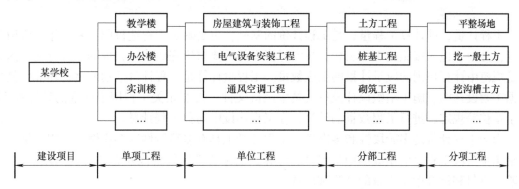

图 1-3 建设项目划分示例

建设项目的分解既是工程施工与建造的基本要求，也是计算工程造价的基本需求。分项工程是可以通过较为简单的施工过程生产出来，并可用适当的计量单位测算或计算其消耗量和单价的建筑或安装的基本单元。例如，土石方工程可以划分为平整场地、挖沟槽土方、挖基坑土方等；砌筑工程可以划分为砖基础、砖墙等；混凝土及钢筋混凝土工程可以划分为现浇混凝土基础、现浇混凝土柱、预制混凝土梁等。分项工程是分部工程的构成要素，是为了计算人工、材料、机械等消耗量以及工程造价计算而划分的一种基本项目单元，它既是工程建造的基本单元，也是建设项目计价的基本单元。工程造价的形成与建设项目的分解对应关系如图1-4所示。

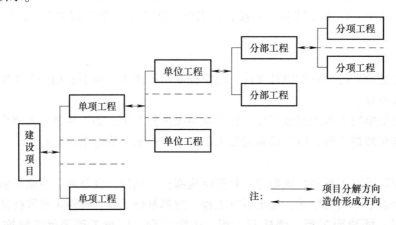

图 1-4 工程造价的形成与建设项目的分解对应关系

在进行工程计价时，需要先将建设项目按其组成依次分解为单项工程、单位工程、分部工程和分项工程，再逐级逆向组合汇总计价：先由各分项工程造价组合汇总得到各分部工程造价，分项工程是工程计价的最小单元；再由各分部工程造价组合汇总形成各单位工程造价，单位工程是工程计价的基本对象，每一个单位工程都应编制独立的工程造价文件；然后由各单位工程造价组合汇总形成各单项工程造价；最后由各单项工程造价组合汇总形成建设项目造价。

1.1.5 工程计量与计价

1. 工程计量

工程计量，即计算工程量，是工程计价的基础，也是确定工程造价的主要工作。所谓工程量，是指承包人按照施工图及相关技术经济文件的要求拟完成或已完成的、符合现行国家计量规范中计算规则的应予计量的工程数量。工程量计算是工程计价活动的重要环节，是指依据工程设计图、施工组织设计及有关技术经济文件，按照相关工程国家标准的计算规则、计量单位等规定，进行工程数量的计算，在工程建设中简称工程计量。

由于工程计价的多阶段性和多次性，工程计量也具有多阶段性和多次性。工程计量不仅包括招标阶段工程量清单编制中工程量的计算，也包括投标报价以及合同履约阶段的变更、索赔、支付和结算中工程量的计算和确认。

工程量是工程计量的结果，是指按一定规则并以物理计量单位或自然计量单位所表示的建设工程各分部分项工程、措施项目或结构构件的数量。物理计量单位是指以国际单位制度量表示的长度、面积、体积和重量等计量单位。如管道安装以 m 为计量单位，管道刷油以 m^2 为计量单位，管道保温以 m^3 为计量单位等。自然计量单位指建筑产品表现在自然状态下的简单点数所表示的个、片、台、组、系统等计量单位。如法兰以片为计量单位，电缆头以个为计量单位等。

2. 工程计价

工程计价是指根据工程量以及工程单价，经过组合汇总，最终确定工程总价的过程。工程计价包含两方面的内容，即工程单价和工程总价。

（1）工程单价

工程单价是指完成工程项目基本构造单元的工程量所需要的基本费用。工程单价包括工料单价和综合单价（分为不完全费用综合单价和全费用综合单价）。

1）工料单价。工料单价又称为直接工程费单价，是指施工过程中耗费的构成工程实体的各项费用，包括人工费、材料费和施工机械使用费。

2）不完全费用综合单价。《建设工程工程量清单计价规范》（GB 50500—2013）（简称《计价规范》）规定："工程量清单应采用综合单价计价。"此"综合单价"是指不完全费用综合单价，包括人工费、材料费、施工机械使用费、企业管理费、利润以及一定范围内的风险费用。清单综合单价的确定方法有两种：一种是根据国家、地区和行业定额确定；另一种是根据企业消耗量和相应生产要素的市场价格确定。

3）全费用综合单价。全费用综合单价不仅包括完成该项目所需的人工费、材料费、施工机械使用费、企业管理费、利润、风险费用，还包括分摊的措施项目费、规费和税金。目前国际通行惯例是采用全费用综合单价。

（2）工程总价

工程总价是指按一定的程序和方法将工程单价逐级汇总组合形成的工程造价。根据所采用工程单价的不同，工程总价的计算程序也有所不同。

1）采用工料单价。首先将确定的工料单价与相应的工程量相乘，然后汇总计算出相应的直接工程费，再按照一定的程序计算其他各项费用，经汇总最终形成相应的工程总价。

2）采用非全费用综合单价。首先将确定的综合单价与相应的工程量相乘，经汇总即可得出分部分项工程费，然后按一定的方法计算措施项目费、其他项目费、规费和税金等，最后将各项费用汇总得出相应的工程总价，如图1-5所示。

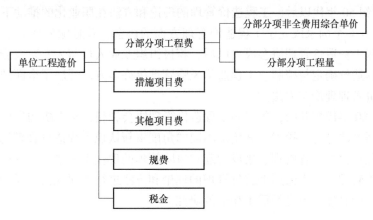

图1-5 非全费用综合单价的造价构成示意

3）采用全费用综合单价。将分部分项的工程量乘以相应的全费用综合单价后，汇总直接得到工程总价。

2014 年 9 月 30 日，住建部发布《关于进一步推进工程造价管理改革的指导意见》（建标〔2014〕142 号），明确指出："完善工程项目划分，建立多层级工程量清单，形成以清单计价规范和各专（行）业工程量计算规范配套使用的清单规范体系，满足不同设计深度、不同复杂程度、不同承包方式及不同管理需求下工程计价的需要。推行工程量清单全费用综合单价，鼓励有条件的行业和地区编制全费用定额。"

由此可见，国家已给工程造价改革指明了方向，实行全费用综合单价法将成为工程计价的主流。随着"一带一路"倡议的实施，越来越多的企业走出国门，走向海外。目前国际上常用的计价方式是全费用综合单价法，因此发展全费用综合单价可以让我国企业在海外市场贸易中更好地议价，使用国际"通用语言"。

1.2 工程造价管理概述

工程造价管理是指在建设项目的建设中，全过程、全方位、多层次地运用技术、经济及法律等手段，通过对建设项目工程造价的预测、优化、控制、分析、监督等，以获得资源的最优配置和建设项目最大的投资效益。

1.2.1 工程造价管理理论发展进程

自 20 世纪 30 年代开始，一些现代经济学和管理学的原理被应用到工程造价管理领域，这包括从简单的建设项目造价估算、确定与控制开始向重视项目价值和投资效益评估及项目技术经济分析的方向发展。到 20 世纪 30 年代末期，已经有人将项目净现值（Net Present Value，NPV）和项目内部收益率（Internal Rate of Return，IRR）等项目评估技术方法应用到工程造价管理之中，并且创建了"工程经济学"等工程造价管理的基础理论和方法，从而使得工程造价管理有了很大的发展。尤其在第二次世界大战之后的全球重建时期，大量的建设项目为人们提供了开展工程造价管理理论和方法的研究与实践机会。

进入 20 世纪 50 年代以后，工程造价管理的理论和方法在职业化的推动下获得了很大的发展。先后有 20 多个国家成立了工程造价管理方面的协会，并且随后建立了国际造价工程师联合会。这些工程造价管理协会成立以后，积极组织专业人员与大专院校合作，对工程造价管理中的工程造价确定与控制、工程造价风险管理等许多方面开展了全面的研究，并创立了传统工程造价管理理论与方法。

从 20 世纪 80 年代初开始，各国的工程造价管理协会和相关学术机构先后对工程造价管理的新模式和新方法进行了探索，开始从不同的角度重新认识工程造价管理的客观规律，并进入了注重工程造价的过程管理、集成管理和风险管理的现代工程造价管理阶段。人们对项目的全过程造价管理、全生命周期造价管理的理论和方法进行了深入而广泛的研究，同时对它们各自所适用的具体情形也开展了相应的研究。

1.2.2 全过程造价管理的含义

自 20 世纪 80 年代中期开始，我国工程造价管理领域的学者、专家就提出了对建设项目进行全过程造价管理的思想。1997 年，中国建设工程造价管理协会提出了工程造价管理的目标和管理方针：建设工程造价管理要达到的目标，一是造价本身要合理，二是实际造价不超概算。为此要从建设工程的前期开始工作，采取"全过程、全方位"的管理方针。其中，"造价本身要合理"是指在确定工程造价方面努力实现科学合理；"实际造价不超概算"是指开展科学的工程造价控制；而从建设工程的前期工作开始，采取"全过程、全方位"的管理方针，其核心就是采取全过程造价管理。

我国政府一直支持对适合我国市场经济的全过程工程造价进行试点研究。《关于控制建设工程造价的若干规定》（计标〔1988〕30号）中指出"建立健全各有关单位的造价控制责任制，实行对工程建设全过程的造价控制和管理"。《住房城乡建设部关于进一步推进工程造价管理改革的指导意见》（建标〔2014〕142号）中指出"到2020年，健全市场决定工程造价机制，建立与市场经济相适应的工程造价管理体系。完成国家工程造价数据库建设，构建多元化工程造价信息服务方式。完善工程计价活动监管机制，推行工程全过程造价服务""建立健全工程造价全过程管理制度，实现工程项目投资估算、概算与最高投标限价、合同价、结算价政策衔接"。《住房城乡建设部标准定额司2017年工作要点》中指出"研究合理确定建设工程造价各项费用的构成及计算方法，服务工程建设全过程造价管理"。住房和城乡建设部《关于进一步加强房屋建筑和市政基础设施工程招标投标监管的指导意见（征求意见稿）》（建办市函〔2019〕559号）中指出"对标国际通行的工程项目管理模式，推动全过程工程造价目标管理，引导承发包双方严格履行合同约定责任，从严控制工程变更洽商，加强政府投资的有效管控"。

全过程造价管理就是从项目策划开始，经可行性论证、方案比较、规划设计、施工、竣工验收直至投产试运行，乃至建设项目后评价，对项目进行造价控制和管理。建设项目造价的确定和控制都应是动态的。戚安邦所著《建设项目全过程造价管理理论与方法》一书中，针对全过程造价管理的基本概念做出如下归纳：

1）全过程造价管理是一种有别于之前所有造价管理的全新的范式，是确定和控制工程造价所采用的全部方法的集合，与项目建设的过程性特征相匹配。工程造价的确定和控制也具有过程性特征，开展建设项目造价管理工作应遵循这一过程，在过程中推进和不断修正。

2）建设项目造价确定是基于活动的成本核算（作业成本法原理）。其具体操作过程为：先将工程项目的各项工作进行分解，形成项目活动清单，再采用适宜的测量方法统计或分析各项活动对人力、原材料、半成品、工器具、机械设备等资源的消耗标准，最后根据各种资源相应的市场定价确定工程项目的造价。此种计价的方法和流程即为现行的工程量清单计价模式。其中，全过程工作分解技术的方法为：

① 建设项目全过程的阶段划分。一个建设项目的全过程至少可以简单地划分为四个阶段：可行性分析与决策阶段、设计与计划阶段、实施阶段、完工与交付阶段。

② 建设项目各阶段的进一步划分。项目的每个阶段都是由一系列的活动组成。因此，可以对项目各阶段进行进一步划分，这种划分包括如下两个层次：

a. 项目的工作分解与工作包。任何一个建设项目都可以按照一种层次型的结构化方法进行项目工作包的分解，并且给出项目的工作分解结构，这是现代项目管理中范围管理的一种重要方法。使用该方法，可以将一个建设项目的全过程分解成一系列的项目工作包，然后将这些项目工作包进一步细分成全过程的活动，以便能够更为细致地确定和控制项目的造价。

b. 项目的活动分解与活动。任何一个建设项目的工作包都可以进一步划分为多项活动，这些活动是为了生成建设项目某种特定产出物服务的。这样，建设项目各阶段工作包可以进一步分解为一系列的活动，从而进一步细分一个项目全过程中各工作包中的工作，以便更细致地管理项目的造价。

因此，一个建设项目的全过程可以首先划分成多个项目阶段，然后再将这些阶段的项目工作包分解，找到并做出项目的工作分解结构，再进一步将工作包分解成活动并给出项目各项活动的清单，最终就可以从各项活动的造价管理入手，实现对项目的全过程造价管理。

3）建设项目造价控制是基于活动的管理（Activity Based Management，ABM）原理和方法，因而也是一种基于活动的控制方法。该方法强调针对一个建设项目的造价控制，必须从对项目实施各阶段以及各阶段主要活动的控制着手，消除和减少低效活动或无效活动，降低资源消耗，最终实现控制工程造价的目标。

4）全过程造价管理必须由项目全体参与主体全过程参与。全体项目参与主体各司其职，在项目实施的各阶段协同配合，分别承担职责范围内对各项活动造价的确定和控制，形成利益共同体，协同完成建设项目造价控制目标。

建设项目全过程造价管理范式的过程如图1-6所示。

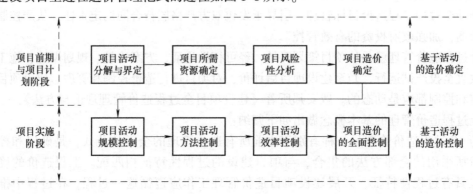

图 1-6　建设项目全过程造价管理过程

基于上述论述，可以发现全过程造价管理范式的基本原理可总结为核心两字"活动"，即动态。在项目周期内，对项目造价的确定应基于活动的造价估算方法；在项目实施过程中，对项目造价的控制应采用动态管理的方法，提高劳动效率，降低乃至消除无效和低效劳动，减少资源消耗和占用，最终实现对项目造价控制的目标。从实践效果分析，全过程造价管理范式在对建设项目造价的控制方面能取得非常好的效果，造价控制手段具有可操作性。因此，全过程造价管理范式已在世界很多地方得到认可和应用。

1.2.3　基于项目管理视角的全过程造价管理

建设项目是指需要一定量的投资，经过决策和实施（设计、施工等）的一系列程序，在一定的约束条件下以形成固定资产为明确目标的一次性、独特性活动。对建设项目进行造价管理不仅是项目建设方（发包人）的工作，设计单位、施工单位、项目监理单位等也要对建设项目进行管理，甚至对与建设项目有关的设备、材料供应商以及政府或建设方委托的工程造价咨询机构也有进行建设项目管理的业务要求。不同主体的项目管理，其内容、方法、流程、体系等也是不同的。基于项目管理的视角，可以把全过程造价管理看作是一个项目，而此项目的实施方必然是建设方（发包人），但是建设方（发包人）由于其自身专业能力的限制，必然寻求第三方的帮助。工程造价咨询机构作为项目发包人委托的第三方，本着对发包人负责的态度，对建设项目进行全过程造价管理。

1. 全过程造价管理的范围定义

在全过程造价管理中，全过程的含义有广义和狭义之分。

建设项目全过程造价管理的工程范围、管理阶段、工作内容由委托人和受托人以合同约定。

广义上认为，实行建设项目全过程造价管理的项目一般可分为五个阶段：项目建议书及可行性研究阶段、设计阶段、施工招投标阶段、施工阶段、竣工结（决）算及项目后评价阶段。上述阶段又分为若干个小阶段。

同时，由于委托人委托咨询单位管理的阶段不同，一般又可以形成以下阶段。

1）自项目建议书及可行性研究（策划）阶段开始至工程竣工的全过程造价管理。

2）自项目设计阶段开始至工程竣工的全过程造价管理。

3）自项目施工招标阶段开始至工程竣工的全过程造价管理。

4）自项目施工阶段开始至工程竣工的全过程造价管理。

除各种形式的管理阶段之外，委托合同还应约定受托人是否进行项目后评价工作。

狭义上认为，针对建设项目全过程造价管理中某一个阶段的造价管理，是贯穿于某一阶段的全过程造价管理。

本书从广义的角度进行阐述，认为全过程造价管理是一项环环相扣、不可分解的整体工作，但矛盾就在于没有任何一个参与方（建设方除外）的工作是贯穿全过程的，但每个过程参与方都有控制工程造价的资格，从而造成造价管理工作脱节、管理成本高、效率低下和责任不明确等诸多问题。

工程造价咨询机构作为专业的受委托方（代表建设方），从建设项目的建设初期，即投资决策阶段开始介入，到项目竣工并办理完结算为止，自始至终对工程建设项目的造价进行管理是可行的。在工程建设的各个阶段进行控制并合理地使用人力、物力和财力，取得良好的社会效益和经济效益，这样才称得上是真正意义的全过程造价管理。

2. 全过程造价管理的过程管理

全过程造价管理分为五个阶段，相对于项目管理的角度就是定义、组织、完成项目的各项工作的全部过程，通过各个阶段创造的结果相互联系，前一个过程的输出或结果成为后一个过程的输入。投资决策阶段的投资估价就作为设计阶段概预算的依据，工程结算价以不超过概预算价为管理目标，也就是一般所说的"概算不超估算，预算不超概算，结算不超预算"。

全过程造价管理的过程分为四个过程组，每个过程组有一个或多个管理过程。

1）启动过程——投资决策阶段：授权和批准造价管理项目的开始。

2）计划过程——设计阶段：定义、明确项目目标，进行项目方案评价，选择出最优方案。

3）执行、控制过程——招标投标、施工阶段：协调项目人员和其他资源以执行造价管理计划，同时通过定期监控造价管理的执行情况，识别造价管理偏差，采取相应纠正措施，确保全过程造价管理项目的完成。

4）收尾过程——竣工验收阶段：建设项目的正式接收并达到造价管理的目标。

在中间的过程组中，这些联系是重复进行的：上一阶段造价管理的成果文件可以作为下一阶段造价管理的依据，并随着建设项目的进展，不断地提供修正后的计划文件。

3. 全过程造价管理的沟通管理

工程造价咨询机构进行全过程造价管理的沟通管理的目的是要保证造价信息能及时、正确地提取、收集、分发、存储以及最终进行处置，保证建设项目内外部的信息畅通。为做好造价管理每个阶段的工作，以达到预期标准和效果，就必须在建设项目中涉及的不同单位内部、单位与单位之间以及项目与外界之间建立沟通渠道，快速、准确地传递和沟通信息，以利于项目内部的各个单位之间达成协调一致；同时，通过大量的信息沟通找出项目管理的问题，制定政策并控制评价结果。

造价信息在全过程造价管理中具有十分重要的作用。全过程造价管理必须建立在造价信息管理的基础上，因此，造价信息管理是合理确定和有效控制工程造价的先决条件和重要内容。掌握并充分利用造价信息，可以提高工程造价管理水平，有利于尽早发挥投资效益和社会效益，减少工程造价管理中的盲目性，加强原则性、系统性、预见性和创造性。

在全过程造价管理中，可以有效地解决造价信息不对称的问题。在建设项目中，既包括纵向信息不对称问题（也就是建设方、施工单位以及设计单位、监理单位等项目利益相关者之间的信息不对称问题），也包括建设项目全过程中的横向信息不对称问题（也就是造价信息在各个阶段之间的流通问题）。

1.3 本章小结

本章对工程造价的含义，建设项目总投资及工程造价的构成，工程造价计价的多阶段性、多次性和组合性，工程计量与计价等工程造价管理基础知识进行了梳理。

工程造价管理是一项复杂的系统性工作，其管理手段往往通过对工程造价的量化分解来实现，不同建设阶段的工程造价管理手段也有所不同。在传统工程造价管理的基础上，注重工程造价的过程管理、集成管理和风险管理，提出了全过程造价管理的概念。

全过程造价管理是一项环环相扣、不可分解的整体工作，问题就在于没有任何一个参与方（建设方除外）的工作是贯穿全过程的，但每个过程参与方都会从自己的角度进行工程造价管理。例如，建设方和承包人的造价管理目标就存在着博弈。因此，只有以建设方的视角进行全过程造价管理，才称得上是真正意义的全过程造价管理。

建设方由于其自身专业能力的限制，必然寻求第三方的帮助。工程造价咨询机构作为一个专业的受委托方（代表建设方），从建设项目的建设初期，即投资决策阶段开始介入，到项目竣工并办理完结算为止，自始至终地对工程建设项目的造价进行管理是可行的。

此外，全过程造价管理必须建立在信息管理的基础上。

第2章
决策阶段工程造价管理

2.1 概述

2.1.1 建设项目决策阶段的概念

建设项目决策阶段主要是指为了实现未来预定目标,根据客观条件提出各种备选方案,借助一定的科学手段和方法,从若干个可行方案中选择一个最优方案的全过程。决策的四要素如下:

1)决策前提,即要有明确的目的。

2)决策条件,即有若干个可行方案可供选择。

3)决策重点,即方案的比较分析。

4)决策结果,即选择一个满意方案。

建设项目决策阶段主要包含编写项目建议书、形成项目投资估算、编制可行性研究报告等工作。项目投资目标的确定和经济技术决策,对项目投资控制以及项目建成以后的经济社会效益有着决定性的影响,是全过程造价管理非常重要的环节。

项目决策阶段的工程造价管理对建设工程全过程工程造价管理具有总揽全局的决定性影响。建设项目的可行性研究及投资决策是整个建设项目工程造价产生的源头,合理确定工程造价是评估建设项目、开展后续工作的关键,因此必须用科学的投资估算控制其他阶段的投资指标,确保建设项目的造价管理目标得以实现。

2.1.2 决策阶段的主要工作

1. 编写项目建议书

项目建议书是建设方向国家提出建设某一建设项目的建议文件,是对建设项目的轮廓设想。对于拟建项目,建设方需要论证其建设的必要性、可行性以及建设的目的、要求、计划等内容,写成报告,请求上级批准。

项目建议书的内容视项目的不同而有繁有简,一般应包括以下内容:

1)项目提出的背景和建设必要性。

2)产品方案、拟建规模和建设地点的初步设想。

3）资源情况、建设条件、协作关系和设备技术引进国别、厂商的初步分析。

4）投资估算、资金筹措及还贷方案设想。

5）项目进度安排。

6）经济效益和社会效益的初步估计。

7）环境影响的初步评价。

对于政府投资项目，项目建议书按规定内容和要求编制完成后，应根据建设规模和限额划分分别报送有关部门审批。项目建议书经批准后，可以进行详细的可行性研究工作，但并不表明项目必然实施，经批准的项目建议书不是项目的最终决策。

根据《国务院关于投资体制改革的决定》（国发〔2004〕20号），对于企业不使用政府资金投资建设的项目，政府不再进行投资决策性质的审批，而是依据《政府核准的投资项目目录》，区别项目实行核准制或登记备案制。

2. 编制可行性研究报告

可行性研究是对建设项目在技术上和经济上是否可行而进行的科学分析和论证，为项目决策提供科学依据。可行性研究在项目建议书经批准后进行，主要任务是通过多方案比较，提出评价意见，推荐最佳方案。

可行性研究要进行市场研究，以解决项目建设的必要性问题；要进行工艺技术方案的研究，以解决项目建设的技术可行性问题；要进行财务和经济分析，以解决项目建设的经济合理性问题。凡可行性研究未通过的，不应该进行项目建设工作。

项目可行性研究通过评估审定之后，要着手组织编制可行性研究报告。可行性研究报告是确定建设项目、编制设计文件的主要依据，在建设程序中起主导作用。可行性研究报告一方面落实建设项目的修建与否，另一方面使项目建设及建成投产后所需的人、财、物有可靠保证。

各类建设项目的可行性研究报告内容不尽相同。工业生产性建设项目（相对比较复杂）可行性研究报告应包括以下基本内容：

1）项目提出的背景、项目概况及投资的必要性。

2）产品需求、价格预测及市场风险分析。

3）资源条件评价（对资源开发项目而言）。

4）建设规模及产品方案的技术经济分析。

5）建设条件与选址方案。

6）技术方案、设备方案和工程方案。

7）主要原材料、燃料供应。

8）总图、运输与公共辅助工程。

9）节能、节水措施。

10）环境影响评价。

11）劳动安全卫生与消防。

12）组织机构与人力资源配置。

13）项目实施进度。

14）投资估算及融资方案。

15）财务评价和国民经济评价。

16）社会评价和风险分析。

3. 项目投资决策审批

根据《国务院关于投资体制改革的决定》，政府投资项目和非政府投资项目分别实行审批制、核准制或备案制。可行性研究报告批准后，即成为初步设计的依据，不得随意修改或变更。

1）对于采用直接投资和资本金注入的政府投资项目，政府需要从投资决策的角度审批项目建议书和可行性研究报告，除特殊情况外，不审批开工报告，同时要严格审批其初步设计和概算；对于采用投资补助、转贷和贷款贴息方式的政府投资项目，则只审批资金申请报告。政府投资项目一般要经过符合资质要求的咨询机构的评估论证，特别重大的项目还应实行专家评议制度。国家将逐步实行政府投资项目公示制度，以广泛听取各方面的意见和建议。

2）对于企业不使用政府资金投资建设的项目，国家一律不实行审批制，区别不同情况实行核准制或备案制。

① 核准制。企业投资建设《政府核准的投资项目目录》中的项目时，仅需向政府提交项目申请报告，不再经过批准项目建议书、可行性研究报告和开工报告的程序。

② 备案制。对于《政府核准的投资项目目录》以外的企业投资项目，实行备案制。除国家另有规定外，由企业按照属地原则向地方政府投资主管部门备案。

为扩大大型企业的投资决策权，对于基本建立现代企业制度的特大型企业，投资建设《政府核准的投资项目目录》中的项目时，可以按项目单独申报核准，也可编制中长期发展建设规划。规划经国务院或国务院投资主管部门批准后，属于《政府核准的投资项目目录》中的项目不再另行申报核准，只需办理备案手续。企业要及时向国务院有关部门报告规划执行和项目建设情况。

一般来说，进行建设项目的决策行为大致包括察觉和分析问题、明确决策目标、制定可行方案、分析比较方案、选择满意方案、实施决策方案六个流程。完成立项决策需要经过调查投资意向、分析市场研究与投资机会、形成投资估算、编制项目建议书及可行性研究报告、优选设计方案几个步骤，其中，形成投资估算、编制可行性研究报告、优选设计方案是决策阶段造价控制的三个关键点。本章将主要针对这三个关键点进行阐述。

2.2　决策阶段工程造价管理关键点一——投资估算

2.2.1　投资估算的概念

投资估算是指项目投资的前期决策过程中对项目投资额的估计。在此阶段，项目建设方应委托项目造价咨询机构，对拟建项目的技术先进性、适用性、经济合理性和能否创造社会效益，进行全面、充分的调查、分析和论证，并从工程建设标准、质量要求、建筑材料性能和价格等方面合理确定工程投资估算。

在全过程工程造价管理中，建设项目决策期间确定的投资估算的合理性将对后期的项目实施产生重要影响。在项目决策期间，关键需要对投资估算进行科学分析，需要考虑项目实施过程中的诸多因素，然后将相关信息整合，根据分析结果做出科学决策，确保建设项目具有较好的可行性，以此保证造价管理的科学性。具体说来，在开展决策阶段的造价管理过程中，需要制定科学的投资估算，进而避免在工程建设期间造价无法满足项目实施需要而造成估算不足导致的投资失控；同时需要保证投资估算的合理性，以此确保各参与方的利益，促进项目的顺利实施。因此，要想发挥造价管理工作的实际价值，需要在决策之前做好相关准备工作，分析项目建设中可能存在的风险，然后制定科学的应对措施，在投资估算中合理考虑并预留风险费用，确保在不同的实施环节不超投资估算且有造价管理的动力。

基于此，投资估算是全过程工程造价管理中的一项重要工作和课题，没有科学准确的估算，就谈不上工程造价的事前控制和管理。因此，投资估算应力求做到准确、全面，为建设项目决策提供重要的经济依据，避免决策失误和投资失控。

2.2.2 投资估算的编制原则

投资估算是项目建设前期决策阶段的重要文件，对建设项目后续投资起着重要作用。投资估算应包含项目建设的全部投资额，不仅要反映实施阶段的静态投资，还必须反映项目建设期间的动态投资。投资估算的编制原则有以下几点：

1）投资估算编制中使用估算指标的分类、项目划分、项目内容、表现形式等要结合各专业的特点，并且要与项目建议书、可行性研究报告的编制深度相适应。

2）投资估算编制内容中，典型工程的选择必须遵循国家的有关建设方针政策，符合国家技术发展方向，贯彻国家高科技政策和发展方向，使投资估算的编制既能反映正常建设条件下的造价水平，也能适应今后若干年的行业发展水平。

3）投资估算编制要反映不同行业、不同项目的特点，要适应项目前期工作的需要，而且具有综合性。投资估算要密切结合行业特点和项目建设的特定条件，在内容上既要贯彻指导性、准确性和可调性原则，又要有一定的深度和广度。

4）投资估算编制要体现国家对固定资产投资实施间接调控作用的特点，要贯彻能分能合、有粗有细、细算粗编的原则，使投资估算能满足项目建议书和可行性研究各阶段的要求，既能反映建设项目的全部投资及其构成，又能分析组成建设项目投资的各单项工程投资，做到既能综合使用，又能个别分解使用。

5）投资估算编制要贯彻静态和动态相结合的原则。要充分考虑在市场经济条件下，建设条件、实施时间、建设期限等因素的不同，建设期的动态因素，即价格、建设期利息及涉外工程的汇率等因素的变动导致估算的量差、价差、利息差、费用差等"动态"因素对投资估算的影响。对上述动态因素采用必要的调整办法和调整参数，尽可能减少这些动态因素对投资估算准确度的影响，使其具有较强的实用性和可操作性。

2.2.3 投资估算的作用

在全过程工程造价管理中，投资估算作为论证拟建项目的重要经济文件，既是建设项目技术经济评价和投资决策的重要依据，又是该项目实施阶段投资控制的目标值。投资估算在全过程工程造价管理的决策阶段发挥着十分重要的作用。

1）项目建议书阶段的投资估算是项目主管部门审批项目建议书的依据之一，并对项目的规划、规模起参考作用。

2）项目可行性研究阶段的投资估算是项目投资决策的重要依据，也是研究、分析、计算项目投资经济效果的重要基础。当可行性研究报告被批准之后，其投资估算额就作为设计任务中下达的投资限额，即作为建设项目投资的最高限额，不得随意突破。

3）项目投资估算对工程设计概算起控制作用，设计概算不得突破批准的投资估算额，并应控制在投资估算额以内。

4）项目投资估算可作为项目资金筹措及制订建设贷款计划的依据，建设单位可根据批准的投资估算额进行资金筹措和向银行贷款。

5）项目投资估算是核算建设项目固定资产投资需要额和编制固定资产投资计划的重要依据。

6）项目投资估算是进行工程设计招标、优选设计单位和设计方案的依据。在进行工程设计招标时，投标单位报送的标书中，除了设计方案的图样说明、建设工期等，还应包括项目的设计概算和经济性分析，以便衡量设计方案的经济合理性。

7）项目投资估算是实行工程限额设计的依据。实行工程限额设计，要求设计者必须在一定的投资范围内确定设计方案，以便控制项目建设和装饰的标准。

2.2.4 投资估算的划分与精度

在我国，项目投资估算是初步设计之前各项工作中的一项。在做工程初步设计之前，可邀请咨询机构或设计单位参加编制项目规划和项目建议书，也可委托咨询机构或设计单位承担项目的初步可行性研究、详细可行性研究及设计任务书的编制工作，同时应根据项目已明确的技术经济条件，编制和估算精确度不同的投资估算额。我国建设项目的投资估算包括项目规划阶段的投资估算、项目建议书阶段的投资估算、初步可行性研究阶段的投资估算、详细可行性研究阶段的投资估算四个阶段，如图 2-1 所示。

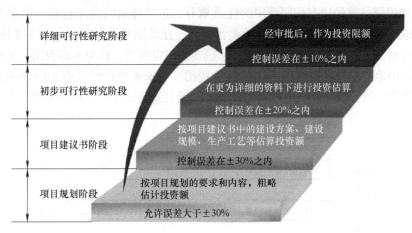

图 2-1 投资估算的四个阶段

1. 项目规划阶段的投资估算

建设项目规划阶段又可称为毛估阶段，是根据国民经济发展规划、地区发展规划和行业发展规划的要求，编制建设项目的建设规划。这时没有工艺流程图、平面布置图和设备分析情况，主要是按项目规划的要求和内容，靠比照同类型已建项目的投资额，并考虑涨价等因素，粗略地估算建设项目所需要的投资额。此阶段的估算将作为否定一个项目或继续进行研究的依据之一，但仅具有参考作用，无约束力。此阶段的投资估算允许误差大于±30%。

2. 项目建议书阶段的投资估算

项目建议书阶段又可称为粗估阶段，是按项目建议书中的建设方案、项目建设规模、主要生产工艺、工程结构、初选建设地点等，估算建设项目所需要的投资额。此阶段的投资估算误差要求控制在±30%以内，据此判断一个项目是否需要进行下一阶段的工作。

3. 初步可行性研究阶段的投资估算

初步可行性研究阶段是在掌握了更详细、更深入的资料（如设备和材料的规格、设备的生产能力、建设项目总平面图、公用设施的初步配置等）条件下，估算建设所需的投资额。此阶段的投资估算误差要求控制在±20%以内，据此确定项目是否需要进行详细可行性研究，并为下一步的研究和投资计划奠定基础。

4. 详细可行性研究阶段的投资估算

详细可行性研究阶段又可称为最终可行性研究阶段。这个阶段的投资估算至关重要，因为此阶段的投资估算经审查批准之后，其投资估算额不仅是工程设计任务书中规定的项目投资限额（即作为建设项目投资的最高限额，不得随意突破），也对工程设计概算起控制作用（即设计概算不得突破批准的投资估算额，并应控制在投资估算额以内），并可据此列入项目年度基本建设计划。在此阶段，项目已经进行了较详细的技术经济分析，决定了项目是否可行，并比选出最佳投资方案。此阶段的投资估算误差要求控制在±10%以内。

2.2.5 投资估算的内容

按照我国规定，从满足建设项目投资设计和投资规模的角度来看，建设项目投资估算包括固定资产投资估算和流动资金投资估算两部分。

固定资产投资估算的内容按照费用的性质划分，包括建筑安装工程费、设备及工器具购置费、工程建设其他费、基本预备费、价差预备费、建设期贷款利息，如图2-2所示。其中，建筑安装工程费、设备及工器具购置费直接形成实体固定资产，称为工程费用；工程建设其他费可分为建设用地费、与项目建设有关的其他费用、与未来生产经营有关的费用；基本预备费、价差预备费、建设期贷款利息在可行性研究阶段为简化计算，一并计入固定资产。

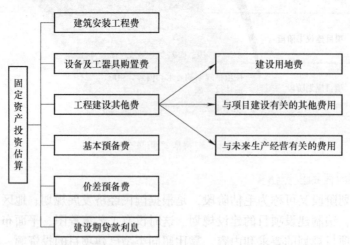

图2-2 固定资产投资估算的内容组成

流动资金是指生产经营性项目投产后，用于购买原材料、燃料、支付工资及其他经营费用所需的周转资金。它是伴随着固定资产投资而发生的长期占用的流动资产投资。流动资金＝流动资产–流动负债，其中，流动资产主要考虑现金、应收账款和存货；流动负债主要考虑应付账款。

编制项目投资估算首先需要收集和熟悉项目相关资料，现场踏勘；然后依据建设项目的特征、方案设计文件和相应的工程造价计价依据或资料，对建设项目总投资及其构成进行编制；还需要对项目的主要技术经济指标进行分析。

投资估算的编制方法、编制深度等应符合《建设项目投资估算编审规程》（CECA/GC 1）的有关规定；成果文件应符合《建设工程造价咨询成果文件质量标准》（CECA/GC 7）、《工程造价咨询企业服务清单》（CCEA/GC 11）中成果文件的组成和要求的相关规定；满足《建设工程造价咨询合同》的相关要求。

建设项目投资估算编制工作原理如图 2-3 所示。

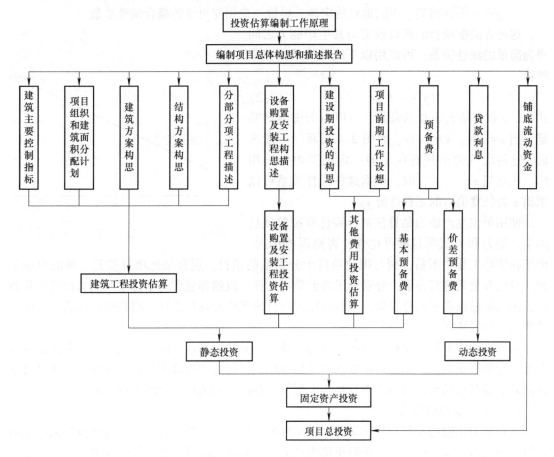

图 2-3　建设项目投资估算编制工作原理

2.2.6　建设项目投资估算方法

1. 静态投资部分估算方法

不同阶段的投资估算，其编制方法和允许误差都是不同的。在项目规划和项目建议书阶段，投资估算的精度低，可采取简单的匡算法，如单位生产能力估算法、生产能力指数法、因子估算法、比例估算法等；在可行性研究阶段，尤其是详细可行性研究阶段，投资估算精度要求高，需采用相对详细的投资估算方法，如指标估算法。

（1）单位生产能力估算法

依据调查的统计资料，利用相近规模的单位生产能力投资乘以建设规模，即得拟建项目投资。其计算公式为

$$C_2 = \left(\frac{C_1}{Q_1}\right) Q_2 f \tag{2-1}$$

式中　C_1——已建类似项目的静态投资额；
　　　C_2——拟建项目的静态投资额；
　　　Q_1——已建类似项目的生产能力；
　　　Q_2——拟建项目的生产能力；
　　　f——不同时期、不同地点的定额、单价、费用变更等的综合调整系数。

这种方法把项目的建设投资与其生产能力之间视为简单的线性关系，可以用以下线性关系方程来解释：

$$y = a + bx \tag{2-2}$$

式中，a 和 b 是大于 0 的常数，可以由历史数据确定。当 $x = c$ 时，$y = a + bc$，如图 2-4 所示。一般来说，这种线性关系只有在 x 的一定范围内是适用的，比如当 $x \in [c, d]$ 时，根据这种线性关系可以求出 x 为任意值时的工程造价 y。

使用单位生产能力估算法时，要注意拟建项目的生产能力和类似项目的可比性，否则误差很大。

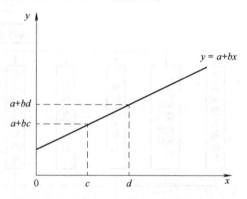

图 2-4　造价与工程规模的线性关系

由于在实际工作中不易找到与拟建项目十分类似的项目，通常是把项目按其下属的单项工程、设施和装置进行分解，分别套用类似单项工程、设施和装置的单位生产能力投资估算指标，然后汇总求得项目总投资；或根据拟建项目的规模和建设条件，将投资进行适当调整后估算项目的投资额。

这种方法主要用于新建项目或装置的估算，十分简便迅速。但要求估价人员掌握足够的典型工程的历史数据，而且这些数据均应与单位生产能力的造价有关，方可应用，而且必须是新建装置与所选取装置的历史资料相类似，仅存在规模大小和时间上的差异。

（2）生产能力指数法

生产能力指数法又称指数估算法，它是根据已建成的类似项目生产能力和投资额来粗略估算拟建项目投资额的方法，是对单位生产能力估算法的改进。其计算公式为

$$C_2 = C_1 \left(\frac{Q_2}{Q_1}\right)^x f \tag{2-3}$$

式中　x——生产能力指数；
　　　其他符号含义同前。

式（2-3）表明造价与规模呈非线性关系，且单位造价随工程规模的增大而减小。在正

常情况下，$0 \leqslant x \leqslant 1$。在不同生产率水平的国家和不同性质的项目中，$x$ 的取值是不同的。比如，美国的化工项目取 $x = 0.6$，英国取 $x = 0.66$，日本取 $x = 0.7$。

若已建类似项目的生产规模与拟建项目生产规模相差不大，Q_1 与 Q_2 的比值在 $0.5 \sim 2$，则 x 的取值近似为1。若已建类似项目的生产规模与拟建项目生产规模相差不大于50倍，且拟建项目生产规模的扩大仅靠扩大设备规模来达到时，则 x 的取值在 $0.6 \sim 0.7$；若是靠增加相同规格设备的数量达到时，则 x 的取值在 $0.8 \sim 0.9$。

生产能力指数法主要应用于拟建装置或项目与用来参考的已知装置或项目的规模不同的场合。生产能力指数法与单位生产能力估算法相比精确度略高，其误差可控制在 $\pm 20\%$ 以内。尽管估价误差仍较大，但它有其独特的好处，即这种估价方法不需要详细的工程设计资料，只需知道工艺流程和规模即可。

（3）因子估算法

因子估算法是以拟建项目的主体工程费或主要设备费为基数，以其他工程费与主体工程费的百分比为系数估算项目总投资的方法。这种方法简单易行，但是精度较低，一般用于项目建议书阶段。因子估算法的种类很多，在我国常用的方法有设备系数法和主体专业系数法。

1）设备系数法。这种方法以拟建项目的设备费为基数，根据已建同类项目的建筑安装工程费和其他工程费等与设备价值的百分比，求出拟建项目建筑安装工程费和其他工程费，进而求出建设项目总投资。其计算公式为

$$C = E(1 + f_1 P_1 + f_2 P_2 + \cdots + f_n P_n) + I \tag{2-4}$$

式中　　　C——拟建项目的投资额；

　　　　　E——拟建项目的设备费；

P_1，P_2，$\cdots$，P_n——已建项目的建筑安装工程费和其他工程费等与设备费的百分比；

f_1，f_2，$\cdots$，f_n——由于时间因素引起的定额、价格、费用标准等变化的综合调整系数；

　　　　　I——拟建项目的其他费用。

2）主体专业系数法。这种方法以拟建项目中投资比重较大且与生产能力直接相关的工艺设备投资为基数，根据已建同类项目的有关统计资料，计算出拟建项目中各专业工程费与工艺设备投资的百分比，据以求出拟建项目各专业投资，汇总即为项目总投资。其计算公式为

$$C = E(1 + f_1 P'_1 + f_2 P'_2 + \cdots + f_n P'_n) + I \tag{2-5}$$

式中　P'_1，P'_2，$\cdots$，P'_n——已建项目中各专业工程费与工艺设备投资的百分比；

其他符号含义同前。

（4）比例估算法

比例估算法是根据统计资料，先求出已有同类企业的主要设备投资占已建项目投资的比例，然后再估算出拟建项目的主要设备投资，即可按比例求出拟建项目的建设投资。其计算公式为

$$I = \frac{1}{K} \sum_{i=1}^{n} Q_i P_i \tag{2-6}$$

式中　I——拟建项目的建设投资；

　　　K——已建项目的主要设备投资占已建项目投资的比例；

n——设备种类数；

Q_i——第 i 种设备的数量；

P_i——第 i 种设备的单价（到厂价格）。

（5）指标估算法

指标估算法是把建设项目划分为建筑工程费用、设备及工器具购置费及其他基本建设费等费用项目或单位工程，再根据各种具体的投资估算指标，进行各项费用项目或单位工程投资的估算，在此基础上汇总成每一单项工程的投资，另外再估算工程建设其他费用及预备费，即求得建设项目总投资。

1）建筑工程费用估算。建筑工程费用是指为建造永久性建筑物和构筑物所需要的费用。一般采用单位建筑工程投资估算法、单位实物工程量投资估算法、概算指标投资估算法等进行估算。

① 单位建筑工程投资估算法，以单位建筑工程量投资乘以建筑工程总量计算。这种方法还可细分为单位价格估算法、单位面积价格估算法和单位容积价格估算法。

a. 单位价格估算法。此方法实际上是利用每功能单位的成本价格估算，选出所有此类项目中的共有单位，并计算每个项目中该单位的数量。

$$总建筑造价 = 功能面积 \times 功能单价 \tag{2-7}$$

这种方法所采用的单位取决于所考虑的项目类型。例如，车库采用每个车位的成本；公寓楼采用每间套房的成本；如果考虑建一所大学，那就要采用每个学生的成本。无论以什么作为成本，都需要分析已完成项目的成本，将总建筑工程成本除以项目中的单位数量，得到单位价格，然后将所得到的单位价格运用到将来的计划中，计算出它们的预计总价。

用这种估算方法能够很快得到粗略的估算结果，但是缺乏精确性。要对成本进行精确的预测，未来的项目在资源价格、建筑设计、项目总体规模、完成质量、地理位置和工程施工时间等方面必须与先前分析的项目高度相似。显然，先前的项目和新项目之间会有很多不同之处，而这些差异将严重影响单价估算的准确性，因此就需要根据这些项目之间的差异适当调整价格。

b. 单位面积价格估算法。单位面积价格分析的单位是项目房屋总面积（m²）。房屋总面积即为外墙墙面以内的所有房屋面积。

$$总建筑造价 = 房屋总面积 \times 单位面积价格 \tag{2-8}$$

利用此方法的步骤为，首先分析已完成项目的建筑施工成本，用已知的项目建筑施工成本除以该项目的房屋总面积，即为单位面积价格，然后将结果应用到未来的项目中，以估算其建筑施工成本。

单价的估算方法主要依靠最近类似项目的成本构成，综合考虑项目位置远近、工期长短、项目等级及质量、建筑方法复杂性、项目是否有特别设施等因素做出造价调整。这种估算方法不仅容易理解，而且设计者除了可以从自己的项目中得到单位面积价格外，还可以从出版物中得到大量有关单位面积价格的数据，所以应用最为广泛。设计中首先需要确定的细节往往是建筑面积，所以在项目开发的早期即可采用这种估算方法。但是，所有影响单位价格估算方法的可变因素同样也会影响对单位面积的分析。

c. 单位容积价格估算法。在一些项目中，楼层高度是影响成本的重要因素之一。例如，仓库、工业窑炉砌筑的高度根据需要会有很大的变化，这时显然不再适用单位面积价格估算法，而单位容积价格估算法则成为确定初步估算的好方法。将总的建筑施工成本除以建筑容积，即可得到单位容积价格。将建筑面积乘以从建筑基座平面到屋顶平面的高度，即为建筑容积。测量建筑面积时仍然从外墙墙面开始计算。

② 单位实物工程量投资估算法，以单位实物工程量的投资乘以实物工程总量计算。例如，土石方工程按立方米投资，矿井巷道衬砌工程按每延长米投资，路面铺设工程按每平方米投资，再乘以相应的实物工程总量计算建筑安装工程费。

③ 概算指标投资估算法。没有上述估算指标且建筑工程费占总投资比例较大的项目，可采用概算指标估算法。采用此种方法，应有较为详细的工程资料、建筑材料价格和工程费用指标，投入的时间和工作量大。

2）设备及工器具购置费估算。设备及工器具购置费由设备购置费、工器具购置费、现场制作非标准设备费、生产家具购置费和相应的运杂费等组成。其估算根据项目主要设备表及价格、费用资料编制，工器具购置费按设备费的一定比例计取。价值高的设备应按单台（套）估算购置费，价值较小的设备可按类估算，国内设备和进口设备应分别估算。设备购置费由设备原价和设备运杂费构成。国内设备原价为设备出厂价，一般是指设备制造厂的交货价或订货合同价。它一般根据生产厂或供应商的询价、报价、合同价确定，或采用一定的方法计算确定。国产设备原价分为国产标准设备原价和国产非标准设备原价。进口设备原价是指进口设备抵岸价，即设备抵达买方边境港口或边境车站，且交完关税等税费后形成的价格。进口设备抵岸价的构成与进口设备的交货类别有关。

3）安装工程费估算。安装工程费通常按行业或专门机构发布的安装工程定额、取费标准和指标估算投资。具体可按安装费率、每吨设备安装费或单位安装实物工程量的费用估算，即

$$安装工程费＝设备原价×安装费率 \tag{2-9}$$

$$安装工程费＝设备吨位×每吨安装费 \tag{2-10}$$

$$安装工程费＝安装工程实物量×安装费用指标 \tag{2-11}$$

4）工程建设其他费用估算。工程建设其他费用按各项费用科目的费率或者取费标准估算。

5）基本预备费估算。基本预备费在工程费用和工程建设其他费用的基础之上乘以基本预备费率。

值得注意的是，在使用指标估算法时，应根据不同的年代、地区进行调整。因为年代、地区不同，设备与材料的价格均有差异。调整方法可以将主要材料消耗量作为计算依据，也可以按不同工程项目的"万元工料消耗定额"而定不同的系数。在有关部门颁布定额或材料价差系数（物价指数）时，可以据其调整。总之，使用指标估算法进行投资估算绝不能生搬硬套，必须对工艺流程、定额、价格及费用标准进行分析，经过实事求是地调整与换算后，才能提高其精确度。

2. 动态投资部分估算方法

动态投资部分主要包括价格变动可能增加的投资额和建设期利息两部分，如果是涉外项目，还应该计算汇率的影响。动态投资部分的估算应以基准年静态投资的资金使用计划为基础，而不是以编制的年静态投资为基础。

（1）价差预备费

价差预备费是指建设项目在建设期间由于价格等变化引起工程造价变化的预测预留费

用。费用内容包括人工、设备、材料、施工机械的价差费，建筑安装工程费及工程建设其他费用调整，利率、汇率调整等增加的费用。价差预备费的测算方法，一般根据国家规定的投资综合价格指数，按估算年份价格水平的投资额为基数，采用复利法计算。计算公式为

$$PF = \sum_{t=0}^{n} I_t \left[(1 + f)^t - 1 \right] \tag{2-12}$$

式中　PF——价差预备费；

　　　　n——建设期年份数；

　　　　I_t——建设期中第 t 年的静态投资计划额，包括设备及工器具购置费、建筑安装工程费、工程建设其他费用及基本预备费；

　　　　f——年均投资价格上涨率。

（2）建设期贷款利息

建设期贷款利息包括向国内银行和其他非银行金融机构贷款、出口信贷、外国政府贷款、国际商业贷款以及在境内外发行的债券等在建设期内应偿还的借款利息。

当总贷款是分年均衡发放时，建设期贷款利息的计算可按当年借款在年中支用考虑，即当年贷款按半年计算利息，上年贷款按全年计算利息。计算公式为

$$q_j = \left(P_{j-1} + \frac{1}{2} A_j \right) i \tag{2-13}$$

式中　q_j——建设期第 j 年应计利息；

　　　P_{j-1}——建设期第（$j-1$）年年末贷款累计金额与利息累计金额之和；

　　　A_j——建设期第 j 年贷款金额；

　　　i——年利率。

在国外贷款利息的计算中，还应包括国外贷款银行根据贷款协议向贷款方以年利率的方式收取的手续费、管理费、承诺费，以及国内代理机构经国家主管部门批准的以年利率的方式向贷款单位收取的转贷费、担保费、管理费等。

3. 流动资金估算方法

流动资金是指生产经营性项目投产后，为进行正常生产运营，用于购买原材料、燃料，支付工资及其他经营费用等所需的周转资金。企业只有具有一定数量的可以自由支配的流动资金，才能维持正常的生产和经营活动，才能增强承担风险和处理意外损失的能力。流动资金的特点是在生产和流通过程中不断地由一种形态转化为另一种形态，它的价值在产品销售后一次得到补偿。

铺底流动资金是保证项目投产后能正常生产经营所需要的最基本的周转资金数额，是流动资金的一部分，一般为项目投产后所需流动资金的30%。

流动资金估算一般采用分项详细估算法，个别情况或者小型项目可采用扩大指标估算法。

（1）分项详细估算法

流动资金的显著特点是在生产过程中不断周转，其周转额与生产规模及周转速度直接相关。分项详细估算法是根据周转额和周转速度之间的关系，对构成流动资金的各项流动资产和流动负债分别进行估算。在以往的项目评价中，为简化计算，仅对存货、现金、应收账款和应付账款四项内容进行估算。根据目前最新的《建设项目经济评价方法与参数》（第三

版），估算内容增加了预付账款和预收账款两项内容。相应的计算公式如下：

$$流动资金 = 流动资产 - 流动负债 \qquad (2-14)$$

$$流动资产 = 应收账款 + 预付账款 + 存货 + 现金 \qquad (2-15)$$

$$流动负债 = 应付账款 + 预收账款 \qquad (2-16)$$

$$流动资金本年增加额 = 本年流动资金 - 上年流动资金 \qquad (2-17)$$

估算的具体步骤：首先计算各类流动资产和流动负债的年周转次数，然后再分项估算占用资金额。

1）周转次数计算。周转次数是指流动资金的各个构成项目在一年内完成多少个生产过程。周转次数可用一年天数（通常按 360 天计算）除以流动资金的最低周转天数计算，则各项流动资金年平均占用额度为流动资金的年周转额度除以流动资金的年周转次数。计算公式为

$$周转次数 = \frac{360}{流动资金的最低周转天数} \qquad (2-18)$$

存货、现金、应收账款和应付账款的最低周转天数可参照同类企业的平均周转天数并结合项目特点确定。又因为周转次数又可以表示为流动资金年周转额除以各项流动资金年平均占用额度，所以有

$$各项流动资金 = \frac{流动资金年周转额}{周转次数} \qquad (2-19)$$

2）应收账款估算。应收账款是指企业对外赊销商品、劳务而占用的资金。应收账款年周转额应为全年赊销收入净额。在可行性研究中，用销售收入代替赊销收入。计算公式为

$$应收账款 = \frac{年销售收入}{年收账款周转次数} \qquad (2-20)$$

3）存货估算。存货是企业为销售或者生产耗用而储备的各种物资，主要有原材料、辅助材料、燃料、低值易耗品、维修备件、包装物、在产品、自制半成品和产成品等。为简化计算，仅考虑外购原材料、外购燃料、在产品和产成品，并分项进行计算。计算公式为

$$存货 = 外购原材料 + 外购燃料 + 在产品 + 产成品 \qquad (2-21)$$

$$外购原材料 = \frac{年外购原材料总成本}{按种类分项周转次数} \qquad (2-22)$$

$$外购燃料 = \frac{年外购燃料}{按种类分项周转次数} \qquad (2-23)$$

$$在产品 = \frac{年外购原材料、燃料+年工资及福利费+年修理费+年其他制造费}{在产品周转次数} \qquad (2-24)$$

$$产成品 = \frac{年经营成本 - 年营业费用}{产成品周转次数} \qquad (2-25)$$

4）预付账款估算。预付账款是指企业为购买各类材料、半成品或服务所预先支付的计款项。计算公式为

$$预付账款 = \frac{外购商品或服务年费用}{产品周转次数} \qquad (2-26)$$

5）现金需要量估算。项目流动资金中的现金是指货币资金，即企业生产运营活动中停

留于货币形态的那部分资金，包括企业库存现金和银行存款。计算公式为

$$现金需要量 = \frac{年工资及福利费 + 年其他费用}{现金周转次数} \tag{2-27}$$

6）流动负债估算。流动负债是指在一年或者超过一年的一个营业周期内，需要偿还的各种债务，包括短期借贷、应付票据、应付账款、预收账款、应付工资、应付福利费、应付股利、其他暂收应付款项、预提费用和一年内到期的长期借款等。在可行性研究中，流动负债的估算只考虑应付账款和预收账款两项。计算公式为

$$应收账款 = \frac{年外购原材料 + 年外购燃料 + 其他材料年费用}{应付账款周转次数} \tag{2-28}$$

$$预收账款 = \frac{预收的营业收入年金额}{预收账款周转次数} \tag{2-29}$$

（2）扩大指标估算法

扩大指标估算法是根据现有同类企业的实际资料，求得各种流动资金率指标，也可根据行业或部门给定的参考值或经验确定比率。将各类流动资金率乘以相对应的费用基数来估算流动资金。一般常用的基数有销售收入、经营成本、总成本费用和固定资产投资、年产量等，究竟采用何种基数，依行业习惯而定。扩大指标估算法简便易行，但准确度不高，适用于项目建议书阶段的估算。用扩大指标估算法计算流动资金可以有四种方法，计算公式为

$$年流动资金额 = 年费用基数 \times 经营成本（总成本）流动资金率 \tag{2-30}$$

$$年流动资金额 = 年产值 \times 产值流动资金率 \tag{2-31}$$

$$年流动资金额 = 固定资产投资 \times 固定资产投资资金率 \tag{2-32}$$

$$年流动资金额 = 年产量 \times 单位产量流动资金率 \tag{2-33}$$

其中，当采用固定资产投资资金率时，要充分考虑项目的类型。比如，化工项目的流动资金占固定资产投资的 12% ~ 15%，一般工业项目的流动资金占固定资产投资的 5% ~ 12%。

（3）估算流动资金应注意的问题

在采用分项详细估算法时，应根据项目实际情况分别确定现金、应收账款、预付账款、存货和应付账款、预收账款和最低周转天数，并考虑一定的保险系数。因为最低周转天数减少，将增加周转次数，从而减少流动资金需用量，因此必须切合实际地选用最低周转天数。对于存货中的外购原材料和燃料，要分品种和来源，考虑运输方式和运输距离，以及占用流动资金的比重等因素确定。

在不同生产负荷条件下的流动资金，应按不同生产负荷所需的各项费用金额，分别按照上述计算公式进行估算，而不能直接按照 100% 的生产负荷下的流动资金乘以生产负荷百分比求得。

流动资金属于长期性（永久性）流动资产，流动资金的筹措可通过长期负债和资本金（一般要求占 30%）的方式解决。流动资金一般要求在投产前一年开始筹措，为简化计算，可规定在投产的第一年开始按生产负荷安排流动资金需用量。其借款部分按全年计算利息，流动资金利息应计入生产期间财务费用，项目计算期末收回全部流动资金（不含利息）。

【实例分析 2-1】 投资估算

拟建项目"××市××镇××村旅游基础设施建设项目"主要是对挡墙、围墙进行景观文化改造，对地面裂缝进行灌浆。建设内容包括场地清理，挡墙、围墙外观改造，地面裂缝灌

浆。挡墙、围墙的外观改造主要是在原有基础上对其图案的重新粉刷装饰。要求在满足景观提升功能的前提下，注意保护环境，增加挡墙和围墙与周围景观的协调性，打造整体的文化景观和自然景观，迎合当地风俗，体现当地文化，为游客提供更好的旅游环境。

具体建设内容如下：

1. 挡墙

景观挡墙的设计应在考虑挡土墙防护功能的基础上，引入景观设计的艺术手法，将平面、立面造型设计和墙面装饰设计纳入总体设计中，使之成为与周围环境融为一体的、具有一定观赏性的挡墙。

（1）与环境相协调

作为景观要素之一，挡墙首先要与该镇的旅游环境相协调，共同营造景观设计的艺术性。在该镇的景观中，挡墙设计适合粗犷的风格，材料可以就地取材，采用毛石、条石等体现环境的风格。

（2）塑造空间意境

挡墙的设计必须从空间的角度出发，从空间尺度、形式变化、材料色彩以及整体风格的营造上提升景观空间的意境，打造文化走廊式的景观。在该工程中，挡墙应设计彩绘图案、浮雕来体现××镇的文化特色。

（3）选择材料

景观挡墙的设计需要考虑施工的方便，材料的选择关系到施工的具体操作，也直接影响挡墙改造后的景观效果。因此，该工程可以利用毛石、条石等材料，因地制宜，创造性地搭配出具有趣味、注重细节的设计，从而使整个设计效果更为理想、更富有生命力。挡墙景观装饰如图2-5所示。

图2-5 挡墙装饰

2. 围墙

围墙的造型设计应通透简洁、线条少、色彩协调、比例适当。可适量地增加围墙上的浮雕设计和彩绘设计，突出该镇的民族文化气息，使围墙成为该镇旅游景观的一部分，融于景观之中。

该镇的建筑物室外装饰材料应用到围墙的装饰设计中，选用相同的质材搭配和细节处理，运用风格相同的色彩和图案，使围墙风格与周围建筑风格统一，使围墙的视觉效果和设计风格充分体现该镇的文化特色。围墙装饰如图2-6所示。

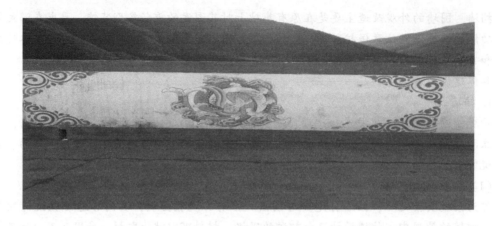

图2-6 围墙装饰

3. 地面裂缝灌浆

首先应该清缝，采用空气压缩机配特制喷嘴吹于缝隙；然后顺着裂缝用冲击电钻将缝口扩宽成1.5cm的沟槽，槽深根据裂缝深度确定，最大深度不得超过2/3板厚；最后用压缩空气吹除混凝土碎石屑，灌入选择的灌浆材料，振捣、压实、抹平。灌浆材料有高强无收缩灌浆料、HGM100无收缩环氧灌浆料等。

该建设项目的投资估算见表2-1；总投资构成见表2-2。项目总投资125万元来自政府专项以及地方配套资金。

表2-1 投资估算

| 序号 | 工程或费用名称 | 估算金额（万元） | | | | | | 估算指标 | | 备注 |
		建筑工程	安装工程	设备及工器具购置	其他费用	合计	单位	数量（个）	单位价值（元）	
I	工程费用	101.18				101.18				
1	场地清理	7.82				7.82	100m²	652.00	120.00	对用地范围内原有废弃物等进行处理
2	挡墙改造	31.04				31.04	100m²	97.00	3200.00	对原有的挡墙外观进行粉刷
3	围墙改造	28.84				28.84	100m²	103.00	2800.00	对原有的围墙外观进行粉刷
4	地面面层改造	33.48				33.48	10m³	93.00	3600.00	对原有道路面层裂缝进行灌浆处理
II	工程建设其他费用	计算依据			12.46	12.46				
1	建设单位管理费	财建〔2016〕504号			1.67	1.67				

（续）

| 序号 | 工程或费用名称 | 估算金额（万元） | | | | | 单位 | 估算指标 | | 备 注 |
		建筑工程	安装工程	设备及工器具购置	其他费用	合计		数量（个）	单位价值（元）	
2	工程质量监督费	发改价格〔2015〕299号，参考财综〔2008〕78号			0.00	0.00				
3	建设工程监理费	发改价格〔2015〕299号，参考发改价格〔2007〕670号			1.64	1.64				
4	建设项目前期工作咨询费	发改价格〔2015〕299号，参考计价格〔1999〕1283号			0.57	0.57				
5	工程勘察费	发改价格〔2015〕299号，按第一部分工程费用的1.1%计取			1.11	1.11				
6	工程设计费	发改价格〔2015〕299号			1.13	1.13				
7	环境影响咨询服务费	发改价格〔2015〕299号，参考计价格〔2002〕125号			0.29	0.29				
8	劳动安全卫生评审费	按第一部分工程费用的0.1%计取			0.10	0.10				
9	造价咨询费	发改价格〔2015〕299号，参考川价发〔2008〕141号			0.45	0.45				
10	场地准备费及临时设施费	按第一部分工程费用的2%计取			2.02	2.02				
11	工程保险费	按第一部分工程费用的0.6%计取			0.61	0.61				
12	招标代理服务费	执行调整后的发改价格〔2011〕534号			1.01	1.01				
13	施工图审查费	川发改价格〔2011〕323号			0.16	0.16				
14	地震安全评价费	执行四川省地震安全性评价收费标准			1.70	1.70				
Ⅲ	基本预备费（10%）				11.36	11.36				
Ⅳ	工程总投资	101.18	0.00	0.00	23.82	125.00				

31

表 2-2 总投资构成

序　号	费用名称	费用金额（万元）
1	总投资	125.00
2	工程费用	101.18
3	工程建设其他费用	12.46
4	基本预备费	11.36

4. 基于现代数学理论的投资估算方法

上述传统估算方法的特点是：从工程特征的相似性出发，找到已建工程和拟建工程的联系，用类比、回归分析等方法推算出拟建工程的造价。其原理和计算过程均比较简单，应用方便。但是，由于影响工程造价的因素很多，如工程用途、规模、结构特征、工期等，且这些因素之间呈现高度的非线性关系，对造价的影响程度也不一样，传统的估算方法在很大程度上不能解释这些变量之间繁杂的关系，而函数的局限性使其不能完全表达清楚各个变量之间的关系。这些局限性导致一般的估算模型精确度都较低，从而限制了其在建筑业中的应用。

近年来，已经出现了多种基于现代数学理论的投资估算方法。这些方法从更加全面的角度对已建工程和拟建工程之间的关系进行了表述，利用数学理论建立估算系统，全面、客观、有效地对工程造价进行估算。其代表方法主要有模糊数学估算方法和基于人工神经网络的估算方法。传统估算方法与基于现代数学理论的投资估算方法之间既有联系又有区别，表 2-3 所示为传统估算方法与基于现代数学理论的投资估算方法的比较。

表 2-3 传统估算方法与基于现代数学理论的投资估算方法的比较

估算方法	共同点	不同点		
		基于已建工程的数目	映射关系	计算过程
传统估算方法	基于已建工程数据库和拟建工程特征，建立共性特征和估算结果间的映射关系	一个	明确的函数模型，线性或低非线性	无须计算机技术介入
基于现代数学理论的投资估算方法		多个，有数量要求	高度非线性	需要计算机技术介入

下面对基于现代数学理论的两种常用估算方法进行简要介绍。

（1）模糊数学估算法

模糊数学估算法在一定程度上可以理解为是对回归分析的推广，它是基于已完工程的特征，用模糊数学理论进行聚类分析确定类别。用该方法进行估算时，首先需要确定隶属度函数，然后根据隶属函数及新项目特征对拟建工程进行归类，再选取同类已建工程中与其最相似的几个工程作为相似样本，建立相似样本与拟建工程的估算模型，并结合当前建筑材料、质量、市场等做出适当调整。其具体方法和步骤可描述如下：

1）选定因素集 U 为 $U = (u_1, u_2, u_3, \cdots, u_i)$，其中 u_i 表示拟建工程的第 i 个特征因素。特征因素的选定往往要求能够概括描述该工程有代表性的特征，常取 ｛结构特征，基础，层数层高，建筑组合，装饰，楼地面，屋面，…｝作为特征因素。

2）确定各特征因素的权重。权向量 W 为 $W= (w_1, w_2, w_3, \cdots, w_i)$，其中 w_i 表示拟建工程第 i 个特征因素的权重。

3）从上述 i 个特征因素入手，由已建工程资料和调研收集的典型工程资料，做出比较模式标准库，将拟建工程与已建工程进行比较。

4）根据模糊数学原理，分别计算各典型工程的贴近度。贴近度的计算公式为

$$内积：B \odot A_i = (b_1 \wedge a_{i1}) \vee \cdots \vee (b_n \wedge a_{in}) \tag{2-34}$$

$$外积：B \square A_i = (b_1 \vee a_{i1}) \wedge \cdots \wedge (b_n \vee a_{in}) \tag{2-35}$$

$$贴近度：\alpha(B, A_i) = \frac{1}{2} \left[B \odot A_i + (1 - B \square A_i) \right] \tag{2-36}$$

式中　　　A_i——第 i 个典型工程；

　　　　　　B——拟建工程；

$a_{i1}, \cdots, a_{in}$——第 i 个典型工程第 n 个特征因素的从属函数值；

$b_1, \cdots, b_n$——拟建工程第 n 个特征因素的从属函数值；

　　　　　　$\odot$——模糊数学中的内积运算符；

　　　　　　$\square$——模糊数学中的外积运算符。

5）取贴近度大的前 n 个工程，并按贴近度由大到小的顺序排列，即 $\alpha_1 > \alpha_2 > \cdots > \alpha_n$。设第 n 个工程的单位造价为 E_n，用指数平滑法计算，可得拟建工程的单方造价 E_x。计算公式为

$$E_x = \lambda [\alpha_1 E_1 + \alpha_2 E_2 (1-\alpha_1) + \alpha_3 E_3 (1-\alpha_1)(1-\alpha_2) + \cdots + \alpha_n E_n (1-\alpha_1)(1-\alpha_2) \cdots (1-\alpha_{n-1}) +$$
$$(E_1 - E_2 + \cdots + E_n)(1-\alpha_1)(1-\alpha_2) \cdots (1-\alpha_n)/n] \tag{2-37}$$

式中　λ——调整系数，可根据公式计算或经验取定。

由于权值是呈指数级递减的，衰减非常大，贴近度第四大的典型工程其权重已经相当小，一般忽略不计，所以一般只要取最相似的 3 个典型工程就完全可以。这就使预测公式大为简化，即

$$\hat{e}_B = \lambda [\alpha_1 E_1 + (1-\alpha_1)\alpha_2 E_2 + (1-\alpha_1)(1-\alpha_2)\alpha_3 E_3]$$
$$+ \frac{1}{3}(1-\alpha_1)(1-\alpha_2)(1-\alpha_3)(E_1 + E_2 + E_3) \tag{2-38}$$

式中　　　$\hat{e}_B$——拟建工程的预测造价；

　　　　　　λ——调整系数（经验系数），它对估算的准确性影响很大，它的影响因素很多，它与工程对象的具体情况及周围环境、施工单位的条件、施工人员的工资标准等有关系，一般取 0.9~1.1；

E_1, E_2, E_3——与拟建工程最相似的 3 个典型工程的造价；

$\alpha_1, \alpha_2, \alpha_3$——拟建工程同最相似的 3 个典型工程的贴近度，其中 $\alpha_1 > \alpha_2 > \alpha_3$。

6）设拟建工程的建筑面积为 A，则可计算出拟建工程的总造价为

$$C = \gamma \zeta C_x A \tag{2-39}$$

式中　C——拟建工程的总造价；

　　　γ——拟建工程的其他调整系数（如建设环境和政府政策的变化、建设方的特殊要求、外界不可抗力的影响等）；

　　　C_x——所贴近的已建工程的总造价；

ζ——拟建工程与所贴近的已建工程的价格调整系数。

以上六个步骤便是工程造价模糊数学的估算方法。从上面的分析可以看出，模糊数学估算方法的优点是：准确性较好，一般可以达到 15% 以内；一旦模型建立，计算较为简单，通用性较好。其困难在于确定工程特征向量和隶属函数以及调整系数。这些往往需要富有经验的工程造价专业人员反复调整确定，有一定的实践应用难度。

（2）基于人工神经网络的估算方法

模糊数学估算法运用系统层次分析和模糊评价的思想，较成功地实现了对工程造价的估算。但是，由于模糊评价多采用专家评价法，主观因素干扰过大，因此，在模糊数学估算法的基础上，许多学者、专家提出了基于人工神经网络（ANN）的估算方法。这种方法是人工智能的一个分支，它是由大量简单处理单元广泛连接而成，用以模拟人脑行为的复杂网络系统。这种方法具有自动"学习"和"记忆"功能，能够十分容易地进行知识获取工作；同时，其具有联想功能，能够在只有部分信息的情况下回忆起系统的全貌。由于其具有非线性映射的能力，可以自动逼近那些刻画最佳的样本数据内部最佳规律的函数，揭示样本数据的非线性关系，因此，基于人工神经网络的估算方法可以克服模糊数学估算法中的主观因素干扰过大的缺点，特别适合对不精确和模糊信息的处理。除了用在语言识别、自动控制领域以外，也可应用在预测、评价等方面。其准确性明显优于传统回归模型，克服了回归模型外推性差的不足。

目前应用最广、最具代表性的是无反馈网络中的多层前馈神经网络。该神经网络的学习解析式十分明确，学习算法称为反向传播算法（简称 BP 算法），由 Rumalhart 等于 1986 年提出。这种算法解决了多层前馈神经网络的学习问题，使得多层前馈网络成为当今应用最广的神经网络模型之一。BP 算法的学习过程由正向传播过程和反向传播过程组成：正向传播过程是将学习样本的输入信息输入前馈神经网络的输入层，输入层单元接收输入信号，进行权重计算，随后将信息传输到隐层，隐层神经元根据输入的信息进行激励函数转化，将转化结果输出到输出层，即得到正向传播过程中的输出结果；反向传播过程则是将网络的实际输出与期望输入相比较，如果误差不满足要求，则将误差进行反向传播，从输出层到输入层逐层求其误差，然后修改相应的权值。两个过程反复交替，直到误差收敛为止。在多层前向网络中，BP 神经网络推导过程严谨，物理概念清晰，是极为重要也十分常见的一种神经网络学习算法。

基于人工神经网络的估算方法注重对样本的学习，希望从中发现规律，类似数据挖掘和知识发现，对背景知识的必需程度要求较低，同时对知识的表示形态没有太多限制。这使得这类方法在复杂对象的建模方面具有较多优势，现在已经拥有越来越广的应用范围。其计算方法和步骤如下：

1）首先将工程对象进行分类，按其工程划分为若干大类，按照不同的类别分别建立模型。

2）在每一类别中，考虑该类工程影响造价的因素，把这些主要因素特征抽取出来，作为模型进行输入，将工程造价估算价格或者工料消耗量作为神经网络的输出。这个步骤的实现包括训练过程和应用过程：训练过程是用收集来的已完工程样本进行训练学习；应用过程是在学习完成以后，将待测工程的工程特征作为输入，神经网络的输出就是工程的估算造价。其示意图如图 2-7 所示。

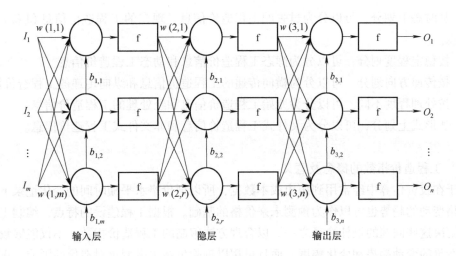

图 2-7　BP 神经网络工程估算造价

　　基于人工神经网络的投资估算模型精度较高，估算基本误差基本在 12% 以内；另外，方法应用较为方便，通用性较强，适合工程投资估算的要求。

　　通过上述两类投资估算方法的阐述可以看出，其共同特点在于基于样本工程和拟建工程的共性特征，通过各种方法找出这些共性特征和造价结果之间的映射关系，从而建立投资估算方法模型，应用到实际当中。

2.2.7　工程造价信息的应用

1. 工程造价信息的概念及分类

　　工程造价信息是一切有关工程估价过程的数据、资料的组合。在工程发承包市场和建设工程中，工程造价信息是最客观、最灵敏的指示器和调节器。无论是工程造价主管部门还是发承包双方，都要通过工程造价信息来了解工程建设市场动态，预测工程造价发展，确定政府的工程造价和工程发承包价，控制工程建设费用。因此，工程造价主管部门和工程发承包双方都要接收、加工、传递和利用工程造价信息。工程造价信息作为一种资源，在工程建设中的地位日趋明显，特别是随着我国逐步推行工程量清单计价制度，工程价格从政府计划的指令性定价向市场定价转变，工程造价信息也起着越来越重要的作用。

　　工程造价信息具有区域性、多样性、专业性、系统性、动态性、季节性等特点。为便于使用和管理，有必要将各种工程造价信息按一定的原则和方法进行区分和归集，并建立一定的分类系统和排序顺序。从以下不同角度，可以对工程造价信息进行不同的分类。

　　1) 按工作内容的不同，可以分为工程价格信息、已完工程信息、工程造价指数等。从广义上说，所有对工程估价起作用的资料都可以称为工程造价信息，如各种定额资料、标准规范、政策文件等，但最能体现信息动态性变化特征，并且在工程价格的市场机制中起重要作用的工程造价信息，主要包括工程信息、已完工程信息和工程造价指数三类。

　　2) 按反映的层次不同，可以分为宏观工程造价信息和微观工程造价信息。例如，工程造价指数为宏观工程造价信息；已完工程信息及人工、材料、机械等各种工程价格信息为微观工程造价信息。

3）从时态上划分，可以分为过去的工程造价信息、现在的工程造价信息和未来的工程造价信息。

4）按稳定程度划分，可以分为静态工程造价信息和动态工程造价信息。

5）按传递方向划分，可以分为横向传递的工程造价信息和纵向传递的工程造价信息。

6）按处理程度不同，可以分为原始工程造价信息和经处理的工程造价信息。

7）从形式上划分，可以分为文件式工程造价信息和非文件式工程造价信息。

2. 工程造价指数

（1）工程造价指数的概念及意义

由于在投资估算中经常用到历史成本数据，所以把价格水平随时间的变化记录下来很重要。价格变动的趋势也可以作为预测未来价格的基础。根据工程建设的特点，编制工程造价指数是解决这些问题的最佳途径之一。以合理方法编制的工程造价指数，不仅能够较好地反映工程造价的变动趋势和变化幅度，而且可用以剔除价格水平变化对造价的影响，正确反映建筑市场的供求关系和生产力发展水平。

工程造价指数是反映一定时期由于价格变化对工程造价影响程度的一种指标，它是调整工程造价价差的依据。工程造价指数反映了报告期与基期相比的价格变动趋势，它在研究实际工作中具有以下重要意义：

1）可以利用工程造价指数分析价格变动趋势及其原因。

2）可以利用工程造价指数估计工程造价变化对宏观经济的影响。

3）工程造价指数是工程发承包双方进行工程估价和结算的重要依据。

（2）工程造价指数的内容及特性

1）各种单项价格指数。单项价格指数包括反映各类工程费用的人工费、材料费、施工机械使用费报告期价格对基期价格的变化程度的指标。可利用它研究主要单项价格变化的情况及其发展变化的趋势。其计算过程可以简单表示为报告期价格与基期价格之比。很明显，这些单项价格指数都属于个体指数，其编制过程相对比较简单。

2）设备、工器具价格指数。设备、工器具的种类、品种和规格很多。设备、工器具费用的变动通常是由两个因素引起的，即设备、工器具单件采购价格的变化和采购数量的变化，并且工程所采购的设备、工器具是由不同规格、不同品种组成的，因此，设备、工器具价格指数属于总指数。由于采购价格与采购数量的数据无论是基期还是报告期都比较容易获得，因此设备、工器具价格指数可以用综合指数的形式表示。

3）建筑安装工程造价指数。建筑安装工程造价指数也是一种综合指数，其中包括人工费指数、材料费指数、施工机械使用费指数以及其他直接费、现场经费、间接费等各项个体指数的综合影响。由于建筑安装工程造价指数相对比较复杂，涉及面较广，利用综合指数进行计算分析难度较大，因此可以通过对各项个体指数加权平均，用平均数指数的形式表示。

4）建设项目或单项工程造价指数。该指数是由设备、工器具指数、建筑安装工程造价指数、工程建设其他费用指数综合得到的。它也属于总指数，并且与建筑安装工程指数类似，一般也用平均数指数的形式表示。

根据造价资料的期限长短分类，工程造价指数也可以分为时点造价指数、月指数、季指数和年指数等。

（3）工程造价指数的编制

1）各种单项价格指数的编制。

① 人工费、材料费、施工机械使用费等价格指数的编制。这种价格指数的编制可以直接用报告期价格与基期价格相比后得到。其计算公式为

$$人工费（材料费、施工机械使用费）价格指数 = \frac{P_n}{P_0} \tag{2-40}$$

式中　P_0——基期人工日工资单价（材料价格、机械台班单价）；

　　　P_n——报告期人工日工资单价（材料价格、机械台班单价）。

② 措施项目费、间接费及工程建设其他费等费率指数的编制。其计算公式为

$$措施项目费（间接费、工程建设其他费）费率指数 = \frac{P_n}{P_0} \tag{2-41}$$

式中　P_0——基期措施项目费（间接费、工程建设其他费）费率；

　　　P_n——报告期措施项目费（间接费、工程建设其他费）费率。

2）设备、工器具价格指数的编制。如前所述，设备、工器具价格指数是用综合指数形式表示的总指数。运用综合指数计算总指数时，一般要涉及两个因素：一个是指数所要研究的对象，称为指数化因素；另一个是将不能同度量现象的因素过渡为可以同度量现象的因素，称为同度量因素。当指数化因素是数量指标时，这时计算的指数称为数量指标指数；当指数化因素是质量指标时，这时计算的指数称为质量指标指数。很明显，在设备、工器具价格指数中，指数化因素是设备、工器具的采购价格，同度量因素是设备、工器具的采购数量。因此，设备、工器具价格指数是一种质量指标指数。

① 同度量因素的选择。既然已经明确了设备、工器具价格指数是一种质量指标指数，那么同度量因素应该是数量指标，即设备、工器具的采购数量。这时就会面临一个新的问题：应该选择基期计划采购数量为同度量因素？还是选择报告期实际采购数量为同度量因素？根据统计学的一般原理，此处可分为拉斯贝尔体系和派许体系。

a. 拉斯贝尔体系。按照拉斯贝尔的主张，以基期销售量为同度量因素，此时计算公式可以表示为

$$K_p = \frac{\sum q_0 p_1}{\sum q_0 p_0} \tag{2-42}$$

式中　K_p——综合指数；

　　p_0，p_1——基期与报告期价格；

　　　q_0——基期数量。

b. 派许体系。按照派许的主张，以报告期销售量为同度量因素，此时计算公式可以表示为

$$K_p = \frac{\sum q_1 p_1}{\sum q_1 p_0} \tag{2-43}$$

式中　K_p——综合指数；

p_0，p_1——基期与报告期价格；

q_1——报告期数量。

就质量指标指数而言，拉斯贝尔公式（简称拉氏公式）将同度量因素固定在基期，其结果说明按过去的采购量计算设备、工器具价格的变动程度，公式子项与母项的差额说明由于价格的变动，按过去的采购量购买设备、工器具将多支出或少支出的金额，这显然是没有现实意义的；而派许公式（简称派氏公式）以报告期数量指标为同度量因素，使价格变动与现实的采购数量相联系，而不是与物价变动前的采购数量相联系。由此可见，用派氏公式计算价格总指数，比较符合价格指数的经济意义。

实际上，这一原则可以表述为，确定同度量因素的一般原则是：质量指标指数应当以报告期的数量指标作为同度量因素，即使用派氏公式；而数量指标指数则应以基期的质量指标作为同度量因素，即使用拉氏公式。

②设备、工器具价格指数的编制。考虑到设备、工器具的采购品种很多，为简化起见，计算价格指数时，可选择其中用量大、价格高、变动多的主要设备、工器具的购置数量和单价进行计算。按照派氏公式进行计算如下：

$$设备、工器具价格指数 = \frac{\sum(报告期设备、工器具单价 \times 报告期购置数量)}{\sum(基期设备、工器具单价 \times 报告期购置数量)} \quad (2\text{-}44)$$

3）建筑安装工程价格指数的编制。与设备、工器具价格指数类似，建筑安装工程价格指数也属于质量指标指数，所以也应用派氏公式计算。但考虑到建筑安装工程价格指数的特定，所以用综合指数的变形，即平均指数的形式表示。

① 平均数指数。从理论上说，综合指数是计算总指数比较理想的形式，因为它不仅可以反映事物变动的方向与程度，而且可以用分子与分母的差额直接反映事物变动的实际经济效果。然而，在利用派氏公式计算质量指标指数时，需要掌握基期价格，这是比较困难的。而相比而言，基期和报告期的费用总值却是比较容易获得的资料。因此，可以在不违反综合指数的一般原则的前提下，改变公式的形式而不改变公式的实质，利用容易掌握的资料来推算不容易掌握的资料，进而再计算指数，在这种背景下所计算的指数即为平均数指数。利用派氏综合指数进行变形后计算得出的平均数指数称为加权调和平均数指数。其计算过程如下：

设 $K_p = \dfrac{p_1}{p_0}$ 为个体价格指数，则派氏综合指数可以表示为

$$派氏综合指数 = \frac{\sum q_1 p_1}{\sum q_1 p_0} = \frac{\sum q_1 p_1}{\sum \dfrac{1}{K_p} q_1 p_1} \quad (2\text{-}45)$$

式中 $\dfrac{\sum q_1 p_1}{\sum \dfrac{1}{K_p} q_1 p_1}$ ——派氏综合指数变形后的加权调和平均数指数。

② 建筑安装工程造价指数的编制。根据加权调和平均数指数的推导公式，可得建筑安装工程造价指数为

建筑安装工程造价指数 =

$$\frac{报告期建筑安装工程费}{\dfrac{报告期人工费}{人工费指数} + \dfrac{报告期材料费}{材料费指数} + \dfrac{报告期施工机械使用费}{施工机械使用费指数} + \dfrac{报告期措施项目费}{措施项目费指数} + \dfrac{报告期间接费}{间接费指数} + 利润 + 税金}$$

(2-46)

（4）建设项目或单项工程造价指数的编制

建设项目或单项工程造价指数是由建筑安装工程造价指数，设备、工器具价格指数，以及工程建设其他费用指数综合形成的。与建筑安装工程造价指数类似，其计算也应采用加权调和平均数指数的推导公式，即

建筑项目或单项工程价格指数 =

$$\frac{报告期建筑项目或单项工程造价}{\dfrac{报告期建筑安装工程费}{建筑安装工程费指数} + \dfrac{报告期设备、工器具使用费}{设备、工器具使用费指数} + \dfrac{报告期工程建设其他费用}{工程建设其他费用指数}}$$

(2-47)

编制完成的工程造价指数有很多用途，比如作为政府对建设市场宏观调控的依据，也可以作为工程估算以及编制概、预算的基本依据。当然，其最重要的作用在建设市场的交易过程中，为承包人提出合理的投标报价提供依据，此时的工程造价指数也可称为投标价格指数。建设工程造价指数示例见表2-4。

表2-4 建设工程造价指数示例

日 期	2015 年 7 月	2019 年 1~3 月	2019 年 4~6 月	2019 年 7~9 月
多层住宅	100.00	103.79	104.29	104.31
高层住宅	100.00	102.99	103.86	103.87
标准厂房	100.00	106.16	107.13	107.14
桥梁工程	100.00	106.16	107.43	107.48
道路工程	100.00	104.99	105.11	105.13
隧道工程	100.00	100.92	101.01	101.10

3. 工程造价指数的应用

工程造价指数在全过程工程造价管理中值得推广应用，为建设项目的成本管控取得良好成效构建坚实基础。其在全过程工程造价管理中的具体应用如下：

1）在工程项目决策阶段，工程造价指数为投资方提供工程总体造价参考，是工程造价的基本依据。投资方根据项目规划方案、项目建议书以及可行性报告进行投资估算，使决策者在实际工作当中有章可循、有据可查。

2）在建设项目设计阶段，设计方可以根据工程造价指数进行总造价的计算。因工程项目类型与规模不同，设计方案需要反复修改，而每一次方案修改必须计算相应的工程造价。通过对工程造价指数的收集与整理，设计人员针对每一个修改步骤，精准计算出工程造价，进而得到最佳设计方案。应用工程造价指数，不仅提升了设计人员的工作效率，而且有助设计人员进行限额设计。

3）在工程施工阶段，工程造价指数为采取科学有效的施工方法、施工技术提供真实可靠的造价数据，为施工单位合理控制施工总造价提供诸多便利条件。借助工程造价指数，施工单位在施工现场管理中能进一步优化施工方案，进而实现节约资金的目的。

4）在建设工程项目竣工结算阶段，所依据的参考数据均来自设计阶段、施工阶段的造价数据。这不仅是工程管理的主要内容，而且也拓展了工程造价管理的范围。施工方根据工程造价指数，使工程竣工结算数据更加真实、准确，为工程项目验收打好基础。

为了使工程造价指数在公平、公允的竞争态势下进行，工程造价人员必须具备丰富的管理经验以及专业技术水平。借助计算机与网络技术的优势，针对工程项目决策阶段、设计阶段、施工阶段收集的数据，构建一个科学、系统、完善的工程造价指数数据库，并通过互联网资源实现资源共享，使施工单位、建设方、设计单位能在网络平台上及时查询到第一手信息。工程造价指数数据库的建立体现了造价信息的及时性、实效性及精准性，同时也稳固了工程造价指数在整个建设工程项目中的主体地位。

2.3 决策阶段工程造价管理关键点二——可行性研究

2.3.1 可行性研究的概念与基本要求

可行性研究是指建设项目在投资决策前，对与拟建项目有关的社会、经济、技术等各方面进行深入细致的调查研究，对各种可能拟定的技术方案和建设方案进行认真的技术经济分析和比较论证，对项目建成后的经济效益进行科学的预测和评价。对于投资额较大、建设周期较长、内外协作较多的建设工程，可行性研究的程度较深，研究工作期限也较长。

可行性研究综合论证项目建设的必要性、市场的前景性、技术的先进性、财务的营利性、经济的合理性和有效性、施工条件可能性，甚至政治上和军事上的安全性，是建设项目投资决策前所进行的系统、科学、综合的研究。其中，财务的营利性和经济的合理性是可行性研究的核心。

可行性研究必须从系统总体出发，对技术、经济、财务、环境保护、法律等多个方面进行分析和论证，以确定建设项目是否可行，为正确进行投资决策提供科学依据。项目的可行性研究是对多因素、多目标系统进行不断的分析研究、评价和决策的过程。

可行性研究报告的编制有如下基本要求：

1）科学性。要求按客观规律办事，这是可行性研究工作必须遵循的基本原则。

2）客观性。要坚持从实际出发、实事求是的原则，即建设所需条件必须是客观存在的，而不是主观臆造的。

3）公正性。可行性研究工作中要排除各种干扰，尊重事实，不弄虚作假。

2.3.2 可行性研究的作用

在项目全过程造价管理实践中，前期决策工作具有决定性意义，起着极其重要的作用。而作为工程项目投资决策前期工作的核心和重点的可行性研究工作，一经批准，在整个全过程工程造价管理中也会发挥极其重要的作用，具体体现在以下方面：

1）作为确定工程项目的依据。可行性研究作为一种投资决策方法，从市场、技术、工程建设、经济及社会等多个方面对建设项目进行全面综合的分析和论证。依其结论进行投资决策，可极大地提高投资决策的科学性。

2）作为编制设计文件的依据。可行性研究报告一经审批通过，意味着该项目正式批准立项，可以进行初步设计。在可行性研究工作中，对项目选址、建设规模、主要生产流程、设备选型和施工进度等方面都做了较详细的论证和研究，设计文件的编制应以可行性研究报告为依据。

3）作为向银行贷款的依据。在可行性研究报告中，详细预测项目的财务效益、经济效益及贷款偿还能力。世界银行等国际金融组织均把可行性研究报告作为申请项目投资贷款的先决条件。我国的金融机构在审批工程项目贷款时，也以可行性研究报告为依据，对工程项目进行全面、细致的分析评估，确认项目的偿还能力及风险水平后，才做出是否贷款的决策。

4）作为建设单位与各协作单位签订合同和有关协议的依据。在可行性研究工作中，对建设规模、主要生产流程及设备选型等都进行了充分的论证。建设单位在与有关协作单位签订原材料、燃料、动力、工程建筑、设备购置等方面的协议时，应以批准的可行性研究报告为基础，保证预定建设目标的实现。

5）作为环保部门、地方政府和规划部门审批项目的依据。工程项目开工前，需由当地政府批拨土地，规划部门审查项目建设是否符合城市规划，环保部门审查项目对环境的影响。这些审查都以可行性研究报告中总图布置、环境及生态保护方案等诸方面的论证为依据。因此，可行性研究报告为工程项目申请和批准提供了依据。

6）作为施工组织、工程进度安排及竣工验收的依据。可行性研究报告对以上工作都有明确的要求，所以它是检查施工进度及工程质量的依据。

7）作为项目后评估的依据。在项目后评估时，以可行性研究报告为依据，将项目的预期效果与实际效果进行考核，可对项目的运行进行全面评价。

2.3.3　可行性研究的编制程序

一般而言，项目可行性研究的编制程序如下：

1）筹划准备。项目建议书被批准后，建设单位即可组织或委托有资质的工程咨询公司对拟建项目进行可行性研究。可行性研究的承担单位在接受委托时，应了解委托人的目标、意见和具体要求，收集与项目有关的基础资料、基本参数、技术标准等基础依据。

2）调查研究。调查研究包括市场、技术和经济三个方面的内容。

3）方案的制定和选择。这是可行性研究中的一个重要步骤。在充分调查研究的基础上制定技术方案和建设方案，经过分析比较，选出最佳方案。

4）深入研究。对选出的方案进行详细的研究，重点是在对选定方案进行财务预测的基础上，进行项目的财务效益分析和国民经济评价。

5）编制可行性研究报告。在对工程项目进行技术经济分析论证后，证明项目建设的必要性、实现条件的可能性、技术上先进可行和经济上合理有利，即可编制可行性研究报告，推荐一个以上的项目建设方案和实施计划，提出结论性意见和重大措施建议，供决策单位作为决策依据。

2.3.4　可行性研究的主要内容

工程项目可行性研究的主要内容是对投资项目进行四个方面的可行性和必要性研究，即市场研究、技术研究、经济研究和环保生态研究。

1）市场研究。通过市场研究论证项目拟建的必要性、拟建规模、建造地区和建造地点、需要多少投资、资金如何筹措等。

2）技术研究。选定拟建规模、确定投资额和融资方案后，就应选择技术、工艺和设备。选择的原则是：尽量立足于国内技术和国产设备，必要时应考虑是选用国内技术和国产设备，还是选用引进技术和进口设备；是采用中等适用的工艺技术，还是选用先进可行的工艺技术。这都取决于项目的具体需要、资金状况等条件。

3）经济研究。经济研究是可行性研究的核心内容，通过经济研究论证拟建项目经济上的营利性、合理性以及对国民经济可持续发展的可行性。经济上的营利性与合理性应根据具体的经济评价指标来分析。

4）环保生态研究。国内外一些已建大中型项目在环保生态方面的失误，有些造成了不可挽回的生态损失，给人类敲响了警钟。从整体系统论分析的观点来看，目前亟须重视和认真开展环保生态研究。

基于以上四个方面的可行性研究类别，梳理其对应的分析方向，见表 2-5。

表 2-5　可行性研究类别与分析方向

序　号	研　究　类　别	分　析　方　向
1	市场研究	建设必要性
		建设规模
		建设地点
		资金需求与筹措
2	技术研究	技术方案
		工艺方案
		设备方案
3	经济研究	投资效益
		投资合理性
		可持续发展
4	环保生态研究	可能的污染情形
		污染防治措施
		文明施工要求
		环境风险评估

【实例分析 2-2】　珠海机场的可行性研究报告

珠海机场位于珠海西区三灶岛西南端，三面环海，净空良好，距市区 31km。该机场严格按照国际一级民用机场标准进行总体规划、设计和施工，其跑道、候机楼、通信系统、供油和安全等均达到国际先进水平。机场建有长 4000m、宽 60m 的跑道和长 4000m、宽 44m

的滑行道各一条，可供当今世界上各型客机起降。候机楼建筑面积9.2万 m²，并设有综合大厅、候机厅和观景厅。

珠海机场是国内现代化水平最高的航空港之一，在国际上也堪称一流，其投资之巨大令人咋舌，但是却出现了严重的亏损问题：珠海机场的使用率只达到设计能力的6%，无法实现当初用盈利偿还投资欠债的设想。

究其原因，项目决策阶段的可行性研究报告（1996年编制）中预测，机场客流量为每年73万人次，航空货运量每年12000t，机场年收入预测2.8亿元人民币（见图2-8）。基于此，原设计机场跑道3000m，候机楼20000~25000m²。而在项目实际施工过程中，机场跑道变更为4000m，候机楼92800m²（见表2-6）。

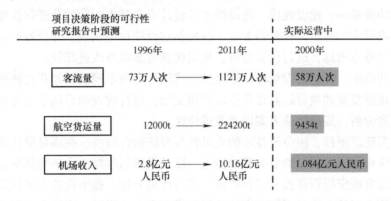

图2-8 项目可行性研究报告中的预计收入与实际收入对比

表 2-6 设计与设计变更后的建设规模对比

项　　目	原　设　计	施　工　中
机场跑道/m	3000	4000
候机楼/m²	20000~25000	92800

但是，实际的运营情况却远没有预计的乐观。2000年，机场客流量为每年58万人次，航空货运量每年9454t，机场年收入仅为1.084亿元人民币。

由此可以看出，珠海机场的教训在于前期的可行性研究调查不够充分。主要有以下问题：

1）建设地点不合理，珠海周边的香港、澳门、广州、佛山都有机场，所以建成的珠海机场面临相当大的竞争。

2）投资估算决策失误。珠海机场最初总造价为69亿元人民币，而在建设过程中不断扩大投资规模，最终导致严重超支。

对于投资额大、建设周期长、内外协作配套关系较多的建设工程，可行性研究的程度越深，研究的工作期限也越长。像我国香港的迪士尼乐园，从筹备到建成经历了8年的时间，显示出香港特别行政区政府和华特迪士尼乐园公司对投资项目可行性研究的高度重视，为项目成功打下了坚实的基础。

2.4 决策阶段工程造价管理关键点三——设计方案优选

在可行性研究报告编写过程中，对设计方案需要进行技术经济分析。具体包括：采用适宜的分析方法。具体对不同的设计方案进行技术经济分析；提供分析结论，在技术可行的前提下，推荐经济合理的最优设计方案。

2.4.1 方案优选的标准

在进行方案比选时，优选方案的标准如下：

对于使用功能单一，建设规模、建设标准及设计寿命基本相同的非经营性建设项目，应优选工程造价或单方工程造价较低的方案，宜根据建设项目的构成，分析各单位工程和主要分部分项工程的技术指标，进行优劣分析，提出优选方案以及改进建议。

对于使用功能单一，但建设规模、建设标准或设计寿命不同的非经营性建设项目，应综合评价一次性建设投资和项目运营过程中的费用支出，进行建设项目的全生命周期的总费用比选，进行优劣分析，提出优选方案以及改进建议。

对于经营类建设项目，应分析技术的先进性与经济的合理性，在满足设计功能和技术先进的前提下，应根据建设项目的资金筹措能力，以及投资回收期、内部收益率、净现值等财务评价指标，综合确定投资规模和工程造价，进行优劣分析，提出优选方案以及改进建议。

当运用价值工程的方法对不同方案的功能和成本进行分析时，应综合选取价值系数较高的方案作为优选方案，并对降低其冗余功能和成本的途径进行分析，提出改进建议。

进行方案比选时，应兼顾项目近期与远期的功能要求和建设规模，以实现项目的可持续发展。

【实例分析 2-3】 某建筑垃圾堆放场建设项目的设计方案优选

某建筑垃圾堆放场建设项目，对建筑物垃圾进行统一堆放化处置，主要服务对象为人口聚集和城镇发展的核心区域，具有垃圾运量大、运输距离远等特点。项目对堆放场地有宽敞、平坦的场地要求。

经过收集资料（卫星航片、地形图、地质图）分析及野外现场踏勘调查分析，初步选择四个建筑垃圾堆放场作为项目目标选址方案。

方案一：位于该县城西南部，离县城 14.1km，驾车约 18min，与国道相连，交通运输便利。选址地约 7 亩⊖，无房屋拆迁事项，为集体用地，需经居民区、农田、果园外穿过。场地高差不大，若选择此场址，临江，需修建 200m 防洪堤。

方案二：位于县城西南部，离县城 15km，驾车约 20min，与国道相连，交通运输方便。选址地约 6 亩，为村民自有沙场坝，无果树、耕地、农田等土地补偿物，现有一沙场值班室。临江而建，地势高差较大，需修建 200m 防洪堤。

方案三：位于县城东北部，离县城 4.2km，驾车约 7min，与国道相连，交通便利。选址地约 6 亩，地块规划性质是公园绿地，紧挨居民区，果树、菜地较多，由国道进入选址地

⊖ 1 亩 = 666.6m²。

约20m。地势高差较大,临江,需修建防洪堤长度约200m。

方案四:位于县城东北部,离县城4.2km,驾车约7min,与国道相连,交通便利。选址地约8亩,地块规划性质是公园绿地,由国道进入选址地约20m。地势高差较大,临江,需修建防洪堤长度约1000m。

从建设条件、交通条件、环境污染状况和建设费用几个方面进行选址方案的比较论证。

1. 建设条件分析(见表2-7)。

表2-7 建设条件分析

内容 \ 方案	方 案 一	方 案 二	方 案 三	方 案 四
地势	地势平坦,高差不大	地势高差较大	地势高差较大	地势高差较大
用地建设条件	需进行大面积开挖	可利用天然地势堆放	可利用天然地势堆放	可利用天然地势堆放
结论	不建议	建议	建议	建议

2. 交通条件分析(见表2-8)。

表2-8 交通条件分析

内容 \ 方案	方 案 一	方 案 二	方 案 三	方 案 四
距离/km	14.1	15	4.2	4.2
交通条件	毗邻国道	毗邻国道	毗邻国道	毗邻国道
结论	不建议	不建议	建议	建议

3. 环境污染状况分析(见表2-9)。

表2-9 环境污染状况分析

内容 \ 方案	方 案 一	方 案 二	方 案 三	方 案 四
地理位置	岷江下游	岷江下游	岷江上流	岷江上流
环境污染状况	远离县城	远离县城	污染物会流经县城	污染物会流经县城
结论	建议	建议	不建议	不建议

4. 建设费用分析(见表2-10)。

表2-10 建设费用分析

内容 \ 方案	方 案 一	方 案 二	方 案 三	方 案 四
建设费用(万元)	1011.26	881.3	889.16	3806.6
结论	不建议	建议	一般建议	不建议

45

将各选址方案综合分析对比（见表 2-11）。

表 2-11　各选址方案综合分析对比

内容 ＼ 方案	方 案 一	方 案 二	方 案 三	方 案 四
建设条件		√	√	
交通条件			√	√
环境污染状况	√	√		
建设费用		√		
结论	不建议	建议	一般建议	不建议

设计方案优选结论：推荐方案二。

2.4.2　设计方案优选的影响因素

设计方案的优选是通过对工程设计方案的综合分析，从若干设计方案中选出最佳方案的过程。设计方案的经济效果不仅取决于技术条件，还受不同地区的自然条件和社会条件的影响。选择设计方案时，需综合考虑各方面因素，对方案进行全方位技术经济分析与比较。

在对方案进行全方位技术经济分析与比较的过程中，设计方案的可建筑性和可施工性的论证和分析是十分关键的部分。

可建筑性是指满足所有既定功能要求的前提下，设计使施工更加容易的程度。从设计过程来看，可建筑性涉及设计的条件以及设计和施工的关系这两项基本内容。影响可建筑性的因素一般有：

1）调查和设计的深度。进行全面的现场调查，充分把握建设人建设意图以及良好的设计深度，能降低未知风险，提高设计的准确度，减少施工期间的变更，不致打乱正常工序，从而形成高效的施工，较少产生索赔事件，降低工程实际造价。

2）总平面布置。要充分考虑现场平面布置，特别要注意场地、道路的使用，注意正在施工的永久性建筑物和现场必需的临时设施之间的关系。不同的总平面布置对应不同的施工方法和施工难易度，从而影响实际造价。

3）各工种的简单组合及逻辑顺序。简单的构件拼装和连接设计，能减少工人的培训要求，容易施工，有利于提高生产率，而且使用维护也方便。设计应允许在较大工作面上进行施工，避免在短期内反复进入同一工作位置作业。设计应当能使施工均衡进行，从而有利于计划、协调、监督和检查等工作。

4）最大限度地标准化和循环使用。标准化涉及构件尺寸协调、模块化、工厂化的生产和现场拼装。标准化可以减少施工中的变更，减少现场施工工种的需要。每一工种可以干更多的工作，减少了工种间的交叉和干扰，使施工平稳进行。因此，标准化有利于加强质量保证、缩短工期和降低成本。

5）允许的施工误差。相对来讲，施工是不精确的，特别是现场作业，如果设计要求的工程精度过高，则常常很难达到。要在现场获得很高的精确性，既费时又花钱。

6）合适的、耐久性好的材料。使用耐久性好的材料可以减少磨损，有利于维修和保护。比较精密的构件和设施应尽可能晚地进行现场安装。

可施工性指在施工过程中获得施工技能的最佳组合，协调各种项目及环境的制约因素，以使项目目标和建筑功能达到最优。

可施工性是可建筑性的延伸，它延伸到了使用阶段。要考虑项目在生命周期终了时的处置形式（将其对资源的要求降到最低）：项目的组成部分如何再利用或如何将非再生资源的消耗降到最低？真正意义上的可施工性应是设计能使整个项目在生命周期内获得最大的收益而消耗最少资源。但这样做难度很大，有许多难以区分和预测的变化因素，在多数情况下，主要还是通过评估工程建设的费用来表明设计的可施工性。

在设计过程中，应对可施工性进行很好的分析，尽早发现施工中的问题，并制定替代方案，尽早解决设计和施工的衔接问题，减少因施工难度大造成的工期延误、造价提高。

【实例分析 2-4】　北京 2008 年鸟巢奥运体育场馆设计方案优选的可施工性分析

北京 2008 年鸟巢奥运体育场馆存在三大难题：

第一难题：屋顶的钢结构采用重型结构的设计方案，$500kg/m^2$ 的用钢量（悉尼奥运场馆平均用钢量 $30kg/m^2$，亚特兰大奥运场馆为 $50kg/m^2$），整个工程需耗钢 50000t，预算造价达 38.9 亿元。

第二难题：可开启屋顶，具有 10 万人座席的大规模开启屋顶，需要解决开启屋面和钢结构之间衔接的技术问题。

第三难题：钢结构外面的维护膜，是一种新颖材料，施工的关键是要解决膜的强度与钢结构之间的衔接问题。

实践效果：这些难题在具体的施工过程之前没有解决，导致了工程停工。停工后，又进一步从安全、质量、功能、工期和造价五个方面对项目设计方案展开了全面、细致的校核和论证。

最终解决：根据专家的反复研究论证，将原设计方案中的可开启屋顶取消，屋顶开口扩大，并通过钢结构的优化，大大减少了用钢量。调整后的设计方案不仅没有降低设计质量，还提高了结构的安全度和可施工性，并使工程造价降低到合理的范围内。

经验总结：如果适宜的替代设计方案能够在决策阶段就被提出并确定，更有利于造价控制。

2.5　本章小结

本章对建设项目决策的概念及决策阶段的主要工作进行了梳理。

决策阶段的工程造价管理是否科学合理，在很大程度上决定了项目的投资价值能否顺利实现、总造价管理能否有效控制、项目效益能否正常发挥。因此，在工程造价全过程管理工作中，要特别注意决策阶段的造价管理。

确定投资估算、编制可行性研究报告、优选设计方案是决策阶段造价控制的三个关键点。本章对三个关键点分别进行了介绍，主要包括投资估算编制的主要方法、可行性研究的编制内容和程序以及设计方案优选的标准及影响因素。

决策阶段的工程造价管理作为工程造价全过程管理的先导阶段，对后续的工程造价管理工作有着框架界定、目标确定、风险判定的作用。

第 **3** 章
设计阶段工程造价管理

3.1 概述

3.1.1 工程设计概述

工程设计是建设程序的一个环节，是指在可行性研究批准之后，工程开始施工之前，根据已批准的设计任务书，为具体实现拟建项目的技术、经济要求，拟定建筑、安装及设备制造等所需的规划、图样、数据等技术文件的工作。工程设计是建设项目由计划变为现实的具有决定意义的工作阶段。设计文件是建筑安装施工的依据。拟建工程在建设过程中能否控制进度、保证质量和节约投资，在很大程度上取决于设计质量的优劣。工程建成后，能否获得满意的经济效果，除了项目决策之外，工程设计起着决定性的作用。工程设计的重要原则之一是保证设计的整体性，为此，工程设计必须按一定的程序分阶段进行。

1. 工程设计的阶段

根据建设程序的进展，为保证工程建设和设计工作有机配合和衔接，按照由粗到细，将工程设计分阶段进行。一般分两个阶段进行设计，即初步设计和施工图设计；对于技术上复杂而又缺乏设计经验的项目，分三个阶段进行设计，即初步设计、技术设计和施工图设计。在各设计阶段都需要编制相应的工程造价文件，与初步设计、技术设计对应的是设计概算、修正概算，与施工图设计对应的是施工图预算。

建设项目确定设计阶段之后，即按照设计准备（方案设计）、初步设计、施工图设计、设计交底和配合施工、验收与总结的程序开始设计工作，如图 3-1 所示。

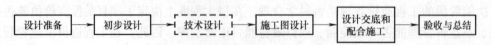

图 3-1　建设项目设计程序

注：虚线框表示某些项目不含该程序。

2. 工程设计的内容及深度

根据《建筑工程设计文件编制深度规定（2016 年版）》的规定，各阶段设计文件编制的内容及深度应符合相关要求。

1) 方案设计文件应满足编制初步设计文件的需要和方案审批或报批的需要。其主要内容有：

① 设计说明书，包括各专业设计说明以及投资估算等内容；对于涉及建筑节能、环保、绿色建筑、人防等设计的专业，其设计说明应有相应的专门内容。

② 总平面图以及相关建筑设计图样。

③ 设计委托或设计合同中规定的透视图、鸟瞰图、模型等。

各项内容编制完成后，应按照封面（写明项目名称、编制单位、编制年月）、扉页（写明编制单位法定代表人、技术总负责人、项目总负责人及各专业负责人的姓名，并经上述人员签署或授权盖章）、设计文件目录、设计说明书（含设计依据、设计要求以及主要技术经济指标总平面设计说明、建筑设计说明、结构设计说明、建筑电气设计说明、给水排水设计说明、供暖通风与空气调节设计说明、热能动力设计说明和投资估算文件）和设计图样（含总平面设计图样、建筑设计图样和热能动力设计图样）的顺序进行编排。

2) 初步设计文件应满足编制施工图设计文件的需要和初步设计审批的需要。其主要内容有：

① 设计说明书，包括设计总说明、各专业设计说明。对于涉及建筑节能、环保、绿色建筑、人防、装配式建筑等，其设计说明应有相应的专项内容。

② 有关专业的设计图样。

③ 主要设备或材料表。

④ 工程概算书。

⑤ 有关专业计算书（不属于必须交付的设计文件）。

各项内容编制完成后，应按照封面（写明项目名称、编制单位、编制年月）、扉页（写明编制单位法定代表人、技术总负责人、项目总负责人和各专业总负责人的姓名，并经上述人员签署或授权盖章）、设计文件目录、设计说明书、设计图样（可单独成册）和概算书（应单独成册）的顺序进行编排。

其中，在初步设计阶段，设计总说明含工程设计依据、工程建设的规模和设计范围、总指标、设计要点综述、提出在设计审批时需解决或确定的主要问题；总平面专业和建筑专业的设计文件分别含设计说明书和设计图样；结构专业的设计文件含设计说明书、结构布置图和计算书；建筑电气专业设计文件含设计说明书、设计图样、主要电气设备表和计算书；给水排水专业设计文件含设计说明书、设计图样、设备及主要材料表和计算书；供暖通风与空气调节和热能动力的设计文件含设计说明书，除小型、简单工程外，还含设计图样、设备表和计算书。

3) 施工图设计文件应满足设备材料采购、非标准设备制作和施工的需要。对于将项目分别发包给几个设计单位或实施设计分包的情况，设计文件相互关联处的深度应满足各承包或分包单位设计的需要。其主要内容有：

① 合同要求所涉及的所有专业的设计图样（含图样目录、说明和必要的设备、材料表）以及图样总封面；对于涉及建筑节能设计的专业，其设计说明应有建筑节能设计的专项内容；涉及装配式建筑设计的专业，其设计说明及图样应有装配式建筑专项设计内容。

② 合同要求的工程预算书（对于方案设计后直接进入施工图设计的项目，若合同未要求编制工程预算书，则施工图设计文件应包括工程概算书）。

③ 各专业计算书不属于必须交付的设计文件，但应编制并归档保存。

总封面的内容包括项目名称、设计单位名称、项目的设计编号、设计阶段、编制单位法定代表人、技术总负责人和项目总负责人的姓名及其签字或授权盖章、设计日期（即设计文件交付日期）。

其中，在施工图设计阶段，总平面专业、建筑专业、结构专业的设计文件含图样目录、设计说明、设计图样和计算书；建筑电气专业的设计文件含图样目录、设计说明、设计图样、主要设备表和计算书；给水排水专业的设计文件含图样目录、施工图设计说明、设备图样、设备及主要材料表和计算书；供暖通风与空气调节专业的设计文件含图样目录、设计与施工说明、设备表、设计图样和计算书；热能动力专业的设计文件含图样目录、设计说明和施工说明、设备及主要材料表、设计图样和计算书。

3.1.2 设计阶段工程造价管理的重要意义

工程项目建设过程是一个周期长且数量大的生产消费过程。在很长一段时期，我国普遍忽视工程建设项目前期的造价控制，而把重点和精力放在施工预算和决算上。其实，到了施工阶段，已是木已成舟的事后控制，这样做尽管也有效果，但所能起到的控制作用已微乎其微。实际上，拟建项目一经决策确定后，设计就成了工程建设和管理工程造价的关键，它对全过程工程造价的影响很深，控制住设计阶段工程造价，就等于抓住了全过程工程造价管理的关键环节，会产生事半功倍的效果。

建设项目各阶段对工程造价的影响是不同的，总的趋势是随着阶段性设计工作的进展，建设项目的构成状态一步步明确，可以优化的空间越来越小，优化的限制条件却越来越多，各阶段性工作对工程造价的影响逐步下降。国内外大量实践经验表明：初步设计阶段，影响工程造价的可能性为75%～95%；技术设计阶段，影响工程造价的可能性为35%～75%；施工图设计阶段，影响工程造价的可能性为10%～35%；施工开始后，通过技术措施及施工组织节约工程造价的可能性为5%～10%，如图3-2所示。由此可见，管理全过程工程造价的关键在于施工之前的决策及设计阶段，而在做出项目决策后，管理造价的关键就在设计阶段。

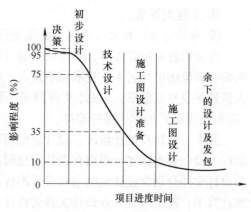

图3-2　建设过程各阶段对工程造价的影响

在设计阶段进行工程造价的计价与管理可以使造价构成更合理，提高资金利用效率。设计阶段工程造价的计价形式是编制设计概预算，通过设计概预算可以了解工程造价的构成，了解工程各组成部分的投资比例，分析资金分配的合理性，并可以利用价值工程理论分析项目各个组成部分功能与成本的匹配程度，调整项目功能与成本使其更趋于合理，提高资金利用效率。

在设计阶段管理工程造价效果最显著。拟建项目一经决策确定后，设计就成了工程建设和管理工程造价的关键。初步设计基本上决定了工程建设的规模、产品方案、结构形式和建筑标准及使用功能，形成了设计概算，确定了投资的最高限额。施工图设计完成后，编制出施工图预算，准确地计算出工程造价。施工阶段的造价管理目标就转化为施工图预算下的造价控制。由此可见，设计阶段的工程造价管理是全过程工程造价管理的龙头。

在设计阶段控制工程造价会使全过程工程造价管理工作更主动。长期以来，人们把控制理解为目标值与实际值的比较，以及当实际值偏离目标值时分析产生差异的原因，确定下一步的对策。这对于批量性生产的制造业而言，是一种有效的管理方法；但是对于建筑业而言，由于建筑产品具有单件性的特点，这种管理方法只能发现差异，不能消除差异，也不能预防差异的发生，而且差异一旦发生，往往损失很大，因此是一种被动的控制方法。设计阶段控制工程造价，可以先按一定的标准，开列拟建建筑物每一部分或分项的计划支出费用的报表，即造价计划，当制订了详细设计计划后，对工程的每一部分或分项的估算造价，对照造价计划中所列的指标进行审核，预先发现差异，主动采取一些控制方法消除差异，使设计更经济。投资限额一旦确定，设计只能在确定的限额内进行，有利于建筑师发挥个人创造力，选择一种最经济的方式实现技术目标，从而确保设计方案能较好地体现技术与经济的结合。

我国的工程设计工作往往是由建筑师等专业技术人员独立完成的。他们在设计过程中往往更关注工程的使用功能，力求采用比较先进的技术方法实现项目所需的功能，而对经济因素考虑较少。如果在设计阶段融入造价管理，使设计工作一开始就实现技术与经济的有机结合，在做出设计的重要决定时，都经过充分的经济论证，知道其造价，这无论是对优化设计还是限额设计都有好处。因此，技术与经济相结合的手段更能保证设计方案经济合理。

现代的全过程工程造价管理已不同于早期原始阶段，既不限于对已完成工程量的测量与计价，也不限于按照设计图和市场价格估算工程价格，进行单纯的付款管理，而是在设计之前就确定项目造价管控目标，从设计阶段开始就要管理，一直持续到建设项目正式启用。现代工程项目规模大、投资大、风险大，迫使人们不得不把投资管理提升到一个新的、更科学的水平。因此，加强设计阶段的造价管理是工程建设全过程造价管理的重点。

3.1.3 设计阶段工程造价管理的内容和程序

随着工程设计工作的开展，各设计阶段工程造价管理的内容又有所不同。设计阶段工程造价管理的主要工作内容和程序如图 3-3 所示。

1. 方案设计阶段

在设计准备阶段收集收料的基础上，设计者对工程主要内容（包括功能与形式）有个大概的布局设想，然后要考虑工程与环境之间的关系。在这一阶段，设计者可以同使用者和规划部门充分交换意见，最后使自己的设计取得规划部门的同意，与周围环境有机融为一体。对于不太复杂的工程，这一阶段可以省略，把相关的工作并入初步设计阶段。

方案设计阶段一般是根据方案图样和

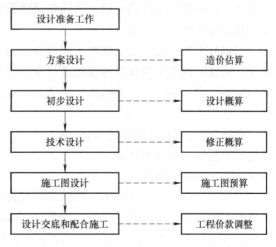

图 3-3 设计阶段工程造价管理的主要工作内容和程序

说明书，做出各专业详尽的工程造价估算书。此时的估算书精确度不高，与可行性研究报告中的投资估算基本相同，一般允许 30%甚至更大的误差。这时的造价估算与可行性研究报告中的投资估算相比较，如果不超过投资估算，则为正常。许多建设工程，尤其是民用建筑工程一般没有方案设计，也就没有这一阶段的估价；工业建设如果需要，则有这一设计阶段和相应的估价工作。

2. 初步设计阶段

此阶段为设计过程中的一个关键性阶段，也是整个设计构思基本形成的阶段。通过初步设计，进一步明确拟建工程在指定地点和规定期限内进行建设的技术可行性和经济合理性，并规定主要技术方案、工程总造价和主要技术经济指标，以利于在项目建设和使用过程中最有效地利用人力、物力和财力。

在初步设计阶段，应根据初步设计方案图样和说明书及概算定额编制初步设计总概算；概算一经批准，即为管理拟建项目工程造价的最高限额。总概算是确定建设项目的投资额、编制固定资产投资计划的依据，是签订建设工程总包合同、贷款总合同、实行投资包干的依据，同时也可作为管理建设工程拨款、组织主要设备订货、进行施工准备及编制技术、设计文件或施工图设计文件等的依据。

3. 技术设计阶段（扩大初步设计阶段）

技术设计是初步设计的具体化，也是各种技术问题的定案阶段。技术设计所应研究和决定的问题，与初步设计大致相同，但需要根据更详细的勘察资料和技术经济计算加以补充修正。技术设计的详细程度应能满足确定设计方案中的重大技术问题和有关实验、设备选制等方面的要求，应能保证根据它编制施工图和提出设备订货明细表。技术设计的着眼点，除体现初步设计的整体意图外，还要考虑施工的方便易行，如果对初步设计中所确定的方案有所更改，应根据技术设计的图样和说明书及概算定额对更改部分编制初步设计修正概算书。对于不太复杂的工程，技术设计阶段可以省略，把这个阶段的一部分工作纳入初步设计（承担技术设计部分任务的初步设计称为扩大初步设计），另一部分留待施工图设计阶段进行。

4. 施工图设计阶段

本阶段主要是通过图样把设计者的意图和全部设计结果表达出来，作为施工的依据。它是设计工作和施工工作的桥梁，具体包括建设项目各部分工程的详图和零部件、结构件明细表以及验收标准、方法等。

根据施工图和说明书编制施工图预算，用以核实施工图设计阶段造价是否超过批准的初步设计概算。以施工图预算为基础进行发承包的工程，则是以中标的施工图预算价作为确定交易价的依据，同时也作为结算工程价款的依据。

5. 设计交底和配合施工

设计交底，即由建设单位组织施工单位、监理单位参加，由勘察、设计单位对施工图内容进行交底的一项技术活动。设计交底是在施工阶段，正式施工伊始进行，是设计单位技术服务在施工阶段的延伸。

配合施工，即设计单位施工期间积极配合业主做好全过程的技术服务工作，包括施工设计技术交底、设计代表现场服务，以及合同规定的其他服务等。

设计交流和配合施工过程中往往涉及工程价款调整，该部分内容在本书第 5 章详细介绍。

3.1.4　设计阶段工程造价管理的重点

1. 造价目标的确定

设计阶段加强对设计方案的造价估算、初步设计概算、施工图预算编制的管理和审查是至关重要的。实际工作中经常发现有的方案估算不够完整，有的限额设计的目标值缺乏合理性，有的概算不够准确，有的施工图预算不够准确，影响设计过程中各阶段造价管理目标的制定，导致最终不能达到以造价目标管理设计工作的目的。

首先，方案估算要建立在分析测算的基础上，需要全面、真实地反映各个方案所需的造价。在方案的投资估算过程中，要多方面考虑影响造价的因素，如施工工艺和方法的不同、施工现场的不同情况等，因为它们都会使按照经验估算的造价发生变化，只有这样才能使估算更加完善。对于设计单位来说，当务之急是要对各类设计资料进行分析整理，为方案的造价估算积累有效的造价指标类数据。

设计概算不准、与施工图预算差距很大的现象常有发生，其原因主要包括初步设计图深度不够，概算与设计和施工脱节，概算编制中错误太多等。要提高概算的质量，首先，必须加强设计人员与概算编制人员的联系与沟通；其次，要提高概算编制人员的素质，加强责任心，多深入实际，丰富现场工作经验；再次，加强对初步设计概算的审查。概算审查可以避免重大错误的发生，避免不必要的经济损失。设计单位要建立健全三审（自审、审核、审定）制度，大的设计单位还应建立概算抽查制度。概算审查不仅局限于设计单位，建设单位和概算审批部门也应加强对初步设计概算的审查，严格概算的审批，从而有效管理工程造价。

施工图预算是签订施工承包合同、确定合同价、进行工程价款结算的重要依据，其质量高低直接影响施工阶段的造价管理。

2. 限额设计和标准设计的推广

限额设计是设计阶段进行工程造价目标管理的重要手段，它能有效地克服和控制"三超"（概算超估算、预算超概算、结算超预算）现象，使设计单位加强技术与经济的对应统一管理，能克服设计概预算本身的失控对工程造价带来的负面影响。另外，推广成熟的、行之有效的标准设计不仅能够提高设计质量，而且能够提高效率、节约成本，同时，因为标准设计大量使用标准构配件，压缩现场工作量，最终有利于全过程工程造价的管理。

3. 运用价值工程进行方案评价及优化

为了提高工程建设投资效果，从选择建设场地和工程总平面布置开始，直到最后结构构件的设计，都应进行多方案比选，从中选取技术先进、经济合理的最佳设计方案，或者对现有的设计方案进行优化，使其能够更加经济合理。在设计过程中，可以利用价值工程原理对设计方案进行比较，对不合理的设计提出改进意见，从而达到管理造价、节约资源的目的。

加强设计阶段的造价管理对降低整个工程造价起决定性的作用，本章将对工程设计的经济评价、价值工程和限额设计三个设计阶段工程造价管理关键点进行详细讲解。

53

3.2 设计阶段工程造价管理关键点——工程设计的经济评价

3.2.1 工程设计的经济评价原则

为了提高工程建设投资效果，从选择场地和工程总平面布置开始，直到最后结构零件的设计，都应进行多方案比选，从中选取技术先进、经济合理的最佳设计。工程设计优选应遵循以下原则：

1. 经济合理性与技术先进性相统一的原则

经济合理性要求工程造价尽可能低，但如果一味地追求经济效果，可能会导致项目的功能水平偏低，无法满足使用者的要求；技术先进性追求技术的尽善尽美、项目功能水平先进，但可能会导致工程造价偏高。因此，技术先进性与经济合理性是一对矛盾，设计者应妥善处理二者的关系。一般情况下，要在满足使用者要求的前提下，尽可能降低工程造价，但是，如果有资金限制，也可以在资金限制的范围内尽可能提高项目功能水平。

2. 项目全生命周期费用最低的原则

在工程建设过程中，管理造价是一个非常重要的目标，但是造价水平的变化又会影响项目将来的使用成本。如果单纯降低造价，建造质量得不到保障，就会导致使用过程中的维修费用很高，甚至有可能发生重大事故，给社会财产和人身安全带来严重损害。当然，在正常情况下，即在确保建造质量的情况下，使用成本更多地体现在能源消耗、运维管理方面。我国在 2020 年 9 月 22 日举行的第 75 届联合国大会上提出，中国二氧化碳排放力争于 2030 年前达到峰值，努力争取 2060 年前实现"碳中和"。在我国朝着这一目标迈进的过程中，建筑业的角色至关重要。建筑业应采取一系列措施，例如，推动"被动式建筑"设计，提升材料效率，推广使用低碳材料、高效隔热建筑围护结构以及照明设备和电器等，实则是降低使用成本。一般情况下，工程造价、使用成本与项目功能水平之间的关系如图 3-4 所示。在设计过程中，应兼顾建设过程和使用过程，力求项目全生命周期费用最低，即做到成本低、维护少、环保节能、使用费用低。

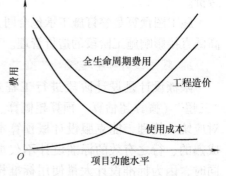

图 3-4　工程造价、使用成本与项目功能水平之间的关系

3. 经济评价的动态原则

动态原则是工程经济中的一个原则。工程设计经济评价的动态原则是指经济评价时考虑资金的时间价值，即资金在不同时点存在实际价值的差异。这一原则不仅对经营性的工业建筑适用，也适用于使用费用呈现增加趋势的民用建筑。资金的时间价值反映了资金在不同时间的分配及其相关成本，对于经营性项目，它影响投资回收期的长短；对于民用建设项目，则影响项目在使用过程中各种费用在远期与近期的分配。

4. 近期投入与远期发展相统一的原则

一项工程建成后，往往会在很长的时间内发挥作用。设计者如果按照目前的要求设计工程，在不远的将来可能会出现由于项目功能水平无法满足需要而重新建造的情况；如果按照未来的需要设计工程，又会出现由于功能水平过高而资源闲置浪费的现象。所以，设计者要兼顾两者的要求，选择项目合理的功能水平，同时也要根据远景发展需要适当留有发展余地。

5. 可持续性发展的原则

可持续发展原则反映在工程设计方面，即设计应符合"科学发展观""坚持以人为本，树立全面、协调、可持续的发展观，促进经济社会和人的全面发展"。科学发展观体现在投资管理领域，要求从单纯、粗放的原始扩大投资和简单建设转向提高科技含量、减少环境污染、绿色节能、环保等可持续发展型投资。目前国家大力推广和提倡的建筑"四节"（节能、节水、节材、节地），环保型建筑、绿色建筑等都是科学发展观的具体体现。绿色建筑遵循可持续发展原则，以高新技术为主导，针对建设工程全生命周期的各个环节，通过科学的整体设计，全方位体现"节约能源、节省资源、保护环境、以人为本"的基本理念，创造高效低耗、无废无污、健康舒适、生态平衡的建筑环境，提高建筑的功能、效率与舒适性水平。

3.2.2 不同类型建筑设计的经济评价

不同类型的建筑，使用目的及功能要求不同，评价的重点也不相同。

1. 工业建筑设计评价

工业建筑设计由总平面设计、工艺设计及建筑设计三部分组成，它们之间是相互关联且相互制约的，因此，分别对各部分设计方案进行技术经济分析与评价，是保证总设计方案经济合理的前提。各部分设计的侧重点不同，评价内容也略有差异。

（1）总平面设计评价

工业项目总平面设计的目的是在保证生产、满足工艺要求的前提下，根据自然条件、运输要求及城市规划等具体条件，确定建筑物、构筑物、交通路线、地上地下技术管线及绿化美化设施的相互配置，创造符合该企业生产特性的统一建筑整体。在布置总平面时，应充分考虑竖向布置、管道、交通路线、人流、物流等是否经济合理。

工业项目总平面设计要求：注意节约用地，不占或少占农田；必须满足生产工艺过程的要求；合理组织厂内外运输，选择方便经济的运输设施和合理的运输线路；应适应建设地点的气候、地形、工程水文地质等自然条件；必须符合城市规划的要求。

工业项目总平面设计的评价指标：

1）建筑系数（建筑密度），是厂区内（一般指厂区围墙内）建筑物、构筑物和各种露天仓库及堆场、操作场地等的占地面积与整个厂区建设用地面积之比。它是反映总平面图设计用地是否经济合理的指标。建筑系数大，表明布置紧凑，节约用地，又可缩短管线距离，降低工程造价。

$$建筑系数 = \frac{厂区内（一般指厂区围墙内）建筑物、构筑物和各种露天仓库及堆场、操作场地等的占地面积}{整个厂区建设用地面积}$$

(3-1)

2）土地利用系数，是厂区内建筑物、构筑物、露天仓库及堆场、操作场地、铁路、道路、广场、排水设施及地上地下管线等所占面积与整个厂区建设用地面积之比。它综合反映总平面设计的经济合理性和土地利用效率。

$$土地利用系数 = \frac{\begin{array}{c}厂区内建筑物、构筑物、露天仓库及堆场、操作场地、铁路、道路、广场、\\ 排水设施及地上地下管线等所占面积\end{array}}{整个厂区建设用地面积} \quad (3-2)$$

3）工程量指标，包括场地平整土石方量、铁路道路及广场铺砌面积、排水设施或围墙长度、绿化面积等。

4）企业将来经营条件指标，指铁路、公路等每吨货物运输费用、经营费用等。

（2）工艺设计评价

工艺设计是工程设计的核心，它是根据工业企业生产的特点、生产性质和功能确定的，工艺设计标准高低，不仅直接影响工程建设投资的大小和建设的速度，而且还决定未来企业的产品质量、数量和运营费用。

1）工艺设计的要求。工艺设计要以市场研究为基础；要考虑技术发展的最新动态，选择先进适用的技术方案。

2）设备选型与设计。设备选型与设计应能满足生产工艺要求，能达到生产能力。设备选型应该注意标准化、通用化和系列化；采用高效率的先进设备，要符合技术先进、稳妥可靠，经济合理的原则；设备的选择应立足国内，对于国内不能生产的关键设备，进口时要注意与工艺流程相适应，并与有关设备配套，不要重复引进；设备选型与设计要考虑建设地点的实际情况和动力、运输、资源等具体条件。

3）工艺设计方案的评价。不同的工艺设计方案会产生不同的投资效果，工艺设计方案的评价就是互斥投资项目的比选，因此评价指标有净现值、净年值、差额内部收益率等。

（3）建筑设计评价

建筑设计要求建筑平面布置和立面形式满足生产工艺要求。根据生产采用的各种切合实际的先进技术，从建筑形式、材料和结构选择、结构布置和环境保护等方面采取措施，以满足生产工艺对建筑设计的要求。建筑设计评价有以下指标：

1）单位面积造价。建筑物平面形状、层数、层高、柱网布置、建筑结构及建筑材料等因素都会影响单位面积造价。因此，单位面积造价是一个综合性很强的指标。计算公式为

$$单位面积造价 = \frac{建设项目总造价}{建筑面积} \quad (3-3)$$

2）建筑物周长与建筑面积比。它主要用于评价建筑物平面形状是否合理。该指标越低，建筑物平面形状越合理。计算公式为

$$建筑物周长与建筑面积比 = \frac{建筑物周长}{建筑面积} \quad (3-4)$$

3）厂房展开面积。如果是单层厂房，展开面积就是厂房的建筑面积；如果是多层厂房，就是厂房每层建筑面积之和。厂房展开面积与建筑面积在数值上没有区别，但概念和适用对象上有区别。厂房展开面积主要用于确定多层厂房的经济层数，展开面积越大，经济层数可越高。

4）厂房有效面积与建筑面积比。该指标主要用于评价柱网布置是否合理。合理的柱网布置可以提高厂房有效使用面积。厂房有效面积是将厂房建筑面积扣除厂房结构面积后的面积。计算公式为

$$厂房有效面积与建筑面积比 = \frac{厂房有效面积}{建筑面积} \tag{3-5}$$

5）工程全生命周期成本。工程全生命周期成本包括工程造价及工程建成后的使用成本。这是一个评价建筑物功能水平是否合理的综合性指标。一般来讲，功能水平低，工程造价低，但使用成本高；功能水平高，工程造价高，但使用成本低。对于工业项目，这个指标比较重要，需要寻求功能水平合理的情况下，工程全生命周期成本最低的设计。

2. 民用建筑设计评价

民用建筑一般包括公共建筑和住宅建筑两大类。民用建筑设计要坚持适用、经济、美观等原则。

（1）民用建筑设计的要求

1）平面布置合理，长度和宽度比例适当。

2）合理确定户型和住户面积。

3）合理确定层数与层高。

4）合理选择结构方案。

（2）民用建筑设计的评价指标

1）公共建筑。公共建筑类型繁多，具有共性的评价指标有占地面积、建筑面积、使用面积、辅助面积、有效面积、平面系数、建筑体积、单位指标（m^2/人、m^2/床、m^2/座）、建筑密度等。其中

$$有效面积 = 使用面积 + 辅助面积 \tag{3-6}$$

$$平面系数\ K = \frac{使用面积}{建筑面积} \tag{3-7}$$

平面系数反映平面布置的紧凑合理性。

$$建筑密度 = \frac{建筑基底面积}{占地面积} \tag{3-8}$$

2）住宅建筑。住宅建筑是指供人们日常居住生活使用的建筑物，包括住宅、别墅、宿舍、公寓等。

① 平面系数。

$$平面系数\ K_1 = \frac{居住面积}{有效面积} \tag{3-9}$$

$$平面系数\ K_2 = \frac{辅助面积}{有效面积} \tag{3-10}$$

$$平面系数\ K_3 = \frac{结构面积}{建筑面积} \tag{3-11}$$

三个平面系数彼此有一定的关联。其中，K_1 是衡量建筑平立面设计方案经济合理性的主要指标；K_2 和 K_3 是衡量建筑平立面设计方案经济合理性的辅助指标。一般而言，K_1 经济合理性良好（表现为系数相对较大），则 K_2 也良好（表现为系数相对较小）；同样地，K_3 良好（表现为系数相对较小），则 K_1 也良好（表现为系数相对较大）。

② 建筑周长指标。该指标是指建筑外墙周长与建筑面积之比。例如，居住建筑进深加大，则周长缩小，可减少墙体积，降低造价。

$$建筑周长指标 = \frac{建筑外墙周长}{建筑面积} \tag{3-12}$$

③ 建筑体积指标。该指标是指建筑体积与建筑面积之比，是衡量层高的指标。

$$建筑体积指标 = \frac{建筑体积}{建筑面积} \tag{3-13}$$

④ 平均每户建筑面积。该指标是指建筑面积与总户数之比，是衡量居住宽裕度的指标。

$$平均每户建筑面积 = \frac{建筑面积}{总户数} \tag{3-14}$$

⑤ 户型比。该指标是指不同居室数的户数与总户数之比，是评价户型结构是否合理的指标。

3. 居住小区设计评价

居住小区规划设计是否合理，直接关系到居民的生活环境，同时也关系到建设用地、工程造价及总体建筑艺术效果。居住小区规划设计的核心是提高土地利用率。

（1）居住小区规划设计中节约用地的主要措施

1）压缩建筑的间距。住宅建筑的间距主要有日照间距、防火间距和使用间距，取最大间距作为设计依据。

2）提高住宅层数或高低层搭配。提高住宅层数和采用多层、高层搭配都是节约用地、增加建筑面积的有效措施。据国外资料，建筑层数由5层增加到9层，可使小区总居住面积密度提高35%。但是，高层住宅造价较高，且居住不方便。因此，确定住宅的合理层数需要综合考虑。

3）适当增加建筑平面的长度。增加建筑平面的长度可以减少山墙的设置，提高建筑密度。当然，建筑平面长度过大也不经济，一般4~5个单元（60~80m）最佳。

4）提高公共建筑的层数。公共建筑分散建设占地多，如能提高公共建筑的层数，将有关的公共设施集中建在楼栋内，不仅方便居民，而且节约用地。

5）合理布置道路。对小区道路布置的合理性和经济性需要综合考虑。

（2）居住小区设计方案评价指标

① 建筑面积毛密度，也称容积率，是衡量建设用地使用强度的一项重要指标。建筑面积毛密度越高，说明能满足居住人口的数量越多，同时居住环境越拥挤，反之越舒适。

$$建筑面积毛密度 = \frac{居住和公共建筑基地面积}{居住小区占地总面积} \times 100\% \tag{3-15}$$

② 居住建筑净密度，与建筑层数、房屋间距、层高、房屋排列方式等因素有关。适当提高建筑净密度，可以节省用地，但应保证日照、通风、防火、交通安全的基本需要。

$$居住建筑净密度 = \frac{居住建筑基地面积}{居住建筑占地面积} \times 100\% \tag{3-16}$$

③ 居住面积密度，是反映建筑布置、平面设计与用地之间的重要指标。影响居住面积密度的主要因素是房屋的层数，增加层数，其数值就增大，有利于节约土地和管线费用。

$$居住面积密度 = \frac{居住面积}{居住建筑占地面积} \times 100\% \tag{3-17}$$

④ 人口毛密度，是指每公顷居住小区占地面积规划容纳的人口数量。人口毛密度越高，

说明该区域规划中能满足的居住人口数量越多，居住环境越拥挤，反之则居住环境越宽松。

$$人口毛密度 = \frac{居住人数}{居住小区占地总面积} \qquad (3\text{-}18)$$

⑤ 人口净密度，是指每公顷居住建筑占地面积居住的人口数量。人口净密度越高，说明该居住建筑居住的人口数量越多，居住环境越拥挤，反之则居住环境越宽松。

$$人口净密度 = \frac{居住人数}{居住建筑占地面积} \qquad (3\text{-}19)$$

⑥ 绿化比率，是指居住小区绿化面积（绿化植物的垂直投影面积）与居住小区占地总面积的比率。绿化比率越高，说明居住环境越好。

$$绿化比率 = \frac{居住小区绿化面积}{居住小区占地总面积} \qquad (3\text{-}20)$$

3.2.3 不同设计阶段设计方案的经济评价

在方案初选阶段，需要对总体设计方案进行技术经济分析，包括：采用适宜的分析方法，对不同的总体设计方案进行技术经济分析；提供分析结论，在技术可行的前提下，推荐经济合理的最优设计方案。

在初步设计阶段，需要对专项设计方案（如结构型式、基础型式、幕墙类型、钢结构类型、空调系统选型、电梯专项技术方案、大型/新型设备选型等）进行技术经济分析，包括：采用适宜的分析方法，对不同的专项设计方案进行技术经济分析；提供分析结论，在技术可行的前提下，推荐经济合理的最优设计方案。

在施工图设计阶段，需要对项目设计文件所采用的标准、技术方案、工程措施等的技术经济合理性进行全面分析，并提出优化建议；对优化前后的设计文件进行造价测算对比分析。

3.2.4 设计方案经济评价的方法

设计方案的评价需要采用技术与经济比较的方法，按照工程项目经济效果，针对不同的设计方案，分析其技术经济指标，从中选出经济效果最优的方案。在设计方案评价比较中，一般采用多指标评价法、投资回收期法、计算费用法等方法。

1. 多指标评价法

多指标评价法是通过对反映建筑产品功能和耗费特点的若干技术经济指标的计算、分析、比较，评价设计方案的经济效果。它可分为多指标对比法和多指标综合评分法。

（1）多指标对比法

多指标对比法是使用一组适用的指标，将对比方案的指标值列出，然后一一对比分析，根据指标值的高低分析判断方案优劣。这是目前采用比较多的一种方法。

利用这种方法，首先需要将指标体系中的各个指标按其在评价中的重要性分为主要指标和辅助指标。主要指标是能够比较充分反映工程技术经济特点的指标，是确定工程项目经济效果的主要依据。辅助指标在技术经济分析中处于次要位置，是主要指标的补充，当主要指标不足以对比出方案的技术经济效果的优劣时，辅助指标就成为进一步进行技术经济分析的依据。但是要注意参选方案在功能、价格、时间、风险等方面的可比性。如果方案不完全符合对比条件，要加以调整，使其满足对比条件后再进行对比，并在综合分析时予以说明。

这种方法的优点是分析全面，可通过各种技术经济指标直接定性或定量地反映方案技术经济性能的主要方面。其缺点是无法实现综合评价。例如，某一方案有些指标较优，另一些指标较差；而另一对比方案则可能是有些指标较差，另一些指标较优。分析工作由于缺乏统一标准而变得复杂。

通过综合分析，最后应给出如下结论：

1）分析对象的主要技术经济特点及适用条件。

2）现阶段实际达到的经济效果水平。

3）找出提高经济效果的潜力和途径以及相应采取的主要技术措施。

4）预期经济效果。

【实例分析 3-1】 多指标对比法

以内浇外砌建筑体系为对比标准，用多指标对比法评价内外墙全现浇大模板建筑体系。评价结果见表 3-1。

表 3-1　全现浇大模板建筑体系与内浇外砌建筑体系评价表

项目名称		单　位	对比标准	评价对象	比　较
建筑特征	建筑体系		内浇外砌	全现浇大模板建筑	
	建筑面积	m²	8500	8500	0
	有效面积	m²	7140	7215	+75
	层数	层	6	6	
	外墙厚度	cm	36	30	−6
	外墙装饰		勾缝，一层水刷石	干粘石，一层水刷石	
技术经济指标	±0.00 以上土建造价	元/m² 建筑面积	80	90	+10
	±0.00 以下土建造价	元/m² 有效面积	95.2	106	+10.8
	主要材料　水泥	kg/m²	130	150	−20
	钢材	kg/m²	9.17	20	+10.83
	施工周期	天	220	210	−10
	+0.00 以上用工	工日/m²	2.78	2.23	−0.55
	建筑自重	kg/m²	1294	1070	−224
	房屋服务年限	年	100	100	

由表 3-1 两类建筑体系的建筑特征对比分析可知，它们具有可比性。然后比较其技术经济特征，可以看出：与内浇外砌建筑体系相比，全现浇建筑体系的优点是有效面积大、用工省、自重轻、施工周期短等；其缺点是造价高、主要材料消耗量大等。

（2）多指标综合评分法

这种方法首先对需要进行分析评价的设计方案设定若干个评价指标，并按其重要程度确定各指标的权重，然后确定评分标准，并就各设计方案对各指标的满意程度打分，最后计算各方案的加权得分，以加权得分高者为最优设计方案。这种方法是定性分析与定量打分相结合的方法，关键是评价指标的选取和指标权重的确定。其计算公式为

$$S = \sum_{i=1}^{n} w_i s_i \tag{3-21}$$

式中　　S——设计方案总得分；

　　　　s_i——某方案在评价指标 i 上的得分；

　　　　w_i——评价指标 i 的权重；

　　　　n——评价指标数。

多指标综合评分法的优点在于能够解决指标间相互矛盾的情形，评价结果是唯一的，但是在确定权重及评分过程中存在主观臆断成分。同时，由于分值是相对的，因而不能直接判断各方案的各项功能实际水平。

【实例分析 3-2】　多指标综合评分法

某建设项目有四个设计方案，选定评价的指标为实用性、平面布置、经济性和美观性四项。各指标的权重及各方案的得分（10分制）见表3-2，试选择最优设计方案。

表 3-2　建筑方案各指标权重及评价得分表

评价指标	权　重	方案 A		方案 B		方案 C		方案 D	
		得分	加权得分	得分	加权得分	得分	加权得分	得分	加权得分
实用性	0.4	9	3.6	8	3.2	7	2.8	6	2.4
平面布置	0.2	8	1.6	7	1.4	8	1.6	9	1.8
经济性	0.3	9	2.7	7	2.1	9	2.7	8	2.4
美观性	0.1	7	0.7	9	0.9	8	0.8	9	0.9
合计		8.6		7.6		7.9		7.5	

由表3-2可知，方案 A 的加权得分最高，因此方案 A 最优。

2. 投资回收期法

设计方案的比选往往是比选各方案的功能水平及成本。功能水平先进的设计方案一般所需的投资较多，方案实施过程中的效益一般也较好。

用方案实施过程中的效益回收投资，即投资回收期反映初始投资补偿速度，衡量设计方案的优劣也是非常必要的。投资回收期越短的设计方案越好。

不同设计方案的比选实际上是互斥方案的比选，首先要考虑方案可比性问题。当相互比较的各设计方案能满足相同的需要时，就只需要比较它们的投资和经营成本的大小，用差额投资回收期比较。差额投资回收期是指在不考虑资金时间价值的情况下，用投资大的方案比投资小的方案所节约的成本的经营成本，回收差额投资所需要的时间。其计算公式为

$$\Delta P_t = \frac{K_2 - K_1}{C_1 - C_2} \qquad (3\text{-}22)$$

式中　K_2——方案 2 的投资额；

　　　K_1——方案 1 的投资额；

　　　C_2——方案 2 的年经营成本；

　　　C_1——方案 1 的年经营成本，且 $C_1 > C_2$；

　　　ΔP_t——差额投资回收期。

当 $\Delta P_t \leqslant P_t$（基准投资回收期）时，投资大的方案优；反之，投资小的方案优。

如果两个比较方案的年业务量不同，则需将投资和经营成本转化为单位业务量的投资和成本，然后再计算差额投资回收期，进行方案的比选。此时差额投资回收期的计算公式为

$$\Delta P_t = \frac{\left(\dfrac{K_2}{Q_2} - \dfrac{K_1}{Q_1}\right)}{\left(\dfrac{C_1}{Q_1} - \dfrac{C_2}{Q_2}\right)} \qquad (3\text{-}23)$$

式中　Q_1，Q_2——方案 1 和方案 2 的年业务量。

其他符号含义同前。

【实例分析 3-3】　投资回收期法

某新建企业有两个设计方案：方案甲总投资 1500 万元，年经营成本 400 万元，年产量为 1000 件；方案乙总投资为 1000 万元，年经营成本 360 万元，年产量为 800 件。基准投资回收期为 6 年，试选择最优设计方案。

首先计算各方案单位产量的费用：

$$\frac{K_{甲}}{Q_{甲}} = \frac{1500\ 万元}{1000\ 件} = 1.5\ 万元/件$$

$$\frac{K_{乙}}{Q_{乙}} = \frac{1000\ 万元}{800\ 件} = 1.25\ 万元/件$$

$$\frac{C_{甲}}{Q_{乙}} = \frac{400\ 万元}{1000\ 件} = 0.4\ 万元/件$$

$$\frac{C_{甲}}{Q_{乙}} = \frac{360\ 万元}{800\ 件} = 0.45\ 万元/件$$

$$\Delta P_t = \frac{(1.5 - 1.25)\ (万元/件)}{(0.45 - 0.4)\ (万元/件/年)} = 5\ 年$$

因为 ΔP_t 小于 6 年，所以方案甲较优。

---

3. 计算费用法

房屋建筑物和构筑物的全生命周期是指从勘察、设计、施工、建成后使用直至报废拆除所经历的时间。全生命周期费用应包括初始建设费、使用维护费和拆除费。

评价设计方案的优劣应考虑工程的全生命周期费用，但是初始投资和使用维护费是两类不同性质的费用，二者不能直接相加。计算费用法的思路是用一种合乎逻辑的方法将一次性投资与经常性的经营成本统一为一种性质的费用，可直接用来评价设计方案的优劣。

　　计算费用法又称最小费用法，它是在各个设计方案的功能（或产出）相同的条件下，项目在整个生命周期内的费用最低者为最优方案。计算费用法可分为静态计算费用法和动态计算费用法。

　　（1）静态计算费用法

　　静态计算费用法的计算公式为

$$C_{年} = KE + V \tag{3-24}$$

$$C_{总} = K + VT \tag{3-25}$$

式中　$C_{年}$——年计算费用；

　　　$C_{总}$——项目总费用；

　　　K——总投资额；

　　　E——投资效果系数，为投资回收期的倒数；

　　　V——年生产成本；

　　　T——投资回收期，单位为年。

　　（2）动态计算费用法

　　对于生命周期相同的设计方案，可以采用净现值法、净年值法；对于生命周期不同的设计方案，可以采用净年值法。计算公式为

$$PC = \sum_{t=0}^{n} CO_t(P/F, i_c, t) \tag{3-26}$$

$$AC = PC(A/P, i_c, n) = \sum_{t=0}^{n} CO_t(P/F, i_c, t)(A/P, i_c, n) \tag{3-27}$$

式中　PC——费用现值；

　　　CO_t——第 t 年现金流量；

　　　i_c——基准折现率；

　　　AC——费用年值。

【实例分析 3-4】　计算费用法

　　某企业为扩大生产规模，在三个设计方案中进行选择：方案 1 是改建现有工厂，一次性投资 2545 万元，年经营成本 760 万元；方案 2 是建新厂，一次性投资 3340 万元，年经营成本 670 万元；方案 3 是扩建现有工厂，一次性投资 4360 万元，年经营成本 650 万元。三个方案的生命周期相同，所在行业的标准投资效果系数为 10%，试用计算费用法选择最优方案。其中（P/A, 8%, 10）= 6.71。

　　（1）静态计算费用法

　　由 $C_{年} = KE + V$ 计算可知：

　　改建现有工厂方案：

$$C_{年1} = 10\% \times 2545 \text{ 万元} + 760 \text{ 万元} = 1014.5 \text{ 万元}$$

　　建新厂方案：

$$C_{年2} = 10\% \times 3340 \text{ 万元} + 670 \text{ 万元} = 1004 \text{ 万元}$$

　　扩建现有工厂方案：

$$C_{年3} = 10\% \times 4360 \text{ 万元} + 650 \text{ 万元} = 1086 \text{ 万元}$$

因为 $C_{年2}$ 最小，所以方案 2 最优。

（2）动态计算费用法

改建现有工厂方案：

$$PC_1 = 2545 \text{ 万元} + 760 \text{ 万元} (P/A, 8\%, 10) = 7644.68 \text{ 万元}$$

建新厂方案：

$$PC_2 = 3340 \text{ 万元} + 670 \text{ 万元} (P/A, 8\%, 10) = 7835.77 \text{ 万元}$$

扩建现有工厂方案：

$$PC_3 = 4360 \text{ 万元} + 650 \text{ 万元} (P/A, 8\%, 10) = 8721.57 \text{ 万元}$$

由于 $PC_1 < PC_2 < PC_3$，所以方案 1 最优。

以上计算结果表明，当使用静态与动态方法分别计算时，其结论并不一致。进行设计方案评价选择时，如果涉及的生命周期比较长，最好使用动态计算费用法进行优选。

3.3 设计阶段工程造价管理关键点二——价值工程

3.3.1 价值工程的概念

价值工程是一种技术经济分析方法，是现代科学管理的组成部分，是研究用最少的成本支出实现必要的功能，从而提高产品价值的一门学科。价值工程中的"价值"是功能与成本的综合反映。

价值工程的目标是提高研究对象的价值。在设计阶段运用价值工程，可以使建筑产品的功能更合理，可以有效地管理全过程工程造价，还可以节约社会资源，实现资源的合理配置。

1. 价值工程的原理

价值工程又称价值分析，是通过相关领域的合作，研究如何以最少的人力、物力、财力和时间获得必要功能的技术经济方法，是降低成本提高经济效益的有效途径。价值分析并不是单纯追求降低成本，也不片面追求提高功能，而是力求正确处理功能与成本的对立统一关系（见图 3-5），提高它们之间的比值（即价值），研究产品功能和成本的最佳配置。

在价值工程中，价值的定义为

$$V = \frac{F}{C} \quad (3\text{-}28)$$

式中　V——价值；

　　　F——功能；

　　　C——生命周期成本。

其中，功能 F 是能够满足某种要求的一种属性。

$$C = C_1 + C_2 \quad (3\text{-}29)$$

式中　C——生命周期成本；

　　　C_1——生产（建设）成本；

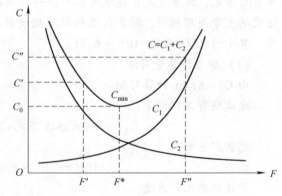

图 3-5　功能与成本的对立统一

C_2——使用成本。

从式（3-28）可知，价值取决于功能和成本两个因素。因此，提高工程价值的途径有以下几条：

1）在提高工程功能的同时，降低项目投资，这是提高工程价值最为理想的途径。

2）在项目投资不变的情况下，提高工程功能。

3）保持工程功能不变的前提下，降低项目造价。

4）工程功能有较大幅度提高，项目投资增加较少。

5）工程功能略有下降，而项目投资大幅度降低。

在研究对象生命周期的各个阶段都可以实施价值工程，其中在设计阶段实施价值工程意义更为重大，可以有效地管理工程造价，节约社会资源，还可以使建筑产品的功能更合理。

2. 价值工程工作程序

价值工程工作程序可以分为四个阶段：准备阶段、分析阶段、创新阶段、方案实施与评价阶段；大致可以分为八项工作内容：价值工程对象选择、收集资料、功能分析、功能评价、提出改进方案、方案的评价与选择、试验证明、决定实施方案。

价值工程主要回答和解决下列问题：

1）价值工程的对象是什么。

2）它是干什么用的。

3）其成本是多少。

4）其价值是多少。

5）有无其他方案实现同样的功能。

6）新方案成本是多少。

7）新方案能否满足要求。

围绕这七个问题，价值工程的一般工作程序见表 3-3。

表 3-3　价值工程的一般工作程序

阶　段	步　骤	说　明
准备阶段	1. 对象选择	应明确目标、限制条件及分析范围
	2. 组成价值工程领导小组	一般由项目负责人、专业技术人员、熟悉价值工程的人员组成
	3. 制定工作计划	包括具体执行人、执行日期、工作目标等
分析阶段	4. 收集整理信息资料	此项工作应贯穿于价值工程的全过程
	5. 功能系统分析	明确功能特性要求，并绘制功能系统图
	6. 功能评价	确定功能目标成本及功能改进区域
创新阶段	7. 方案创新	提出各种不同的实现功能的方案
	8. 方案评价	从技术、经济和社会等方面综合评价各方案达到预定目标的可行性
	9. 提案编写	将选出的方案及有关资料编写成册
实施阶段	10. 审批	由主管部门组织进行
	11. 实施与检查	制订实施计划、组织实施，并跟踪检查
	12. 成果鉴定	对实施后取得的技术经济效果进行鉴定

3. 设计阶段实施价值工程的意义

价值工程需要对研究对象的功能与成本之间的关系进行系统分析。价值工程可以避免在设计过程中只重视功能而忽略成本的倾向，在明确功能的前提下，发挥设计人员的创新精神，提出各种实现功能的方案，从中选取最合理的方案。这样既保证了建设项目所需功能的实现，又有效地管理了全过程工程造价。

价值工程着眼于生命周期成本，即研究对象在其生命周期内所发生的全部费用。对于建设工程而言，生命周期成本包括工程造价和工程使用成本。价值工程的目的是用研究对象的最低生命周期成本可靠地实现使用者所需功能。实施价值工程，既可以避免一味地降低工程造价而导致研究对象功能水平偏低的现象，也可以避免一味地提高使用成本而导致功能水平偏高的现象，使工程造价、使用成本及建筑产品功能合理匹配，减少社会资源消耗。

3.3.2 基于价值工程的设计方案优化

1. 对象选择

价值工程的对象选择过程是缩小研究范围、明确分析研究的目标、确定主攻方向的过程。选择对象的一般原则是：在设计上迫切要求改进的部分；功能改进和成本降低的潜力比较大的部分。具体可以应用经验分析法、ABC 分析法、百分比法、价值指数法等方法。

（1）经验分析法

经验分析法又称因素分析法，是组织有丰富经验的专业人员和管理人员对收集掌握的情报资料做详细而充分的分析讨论，在此基础上选择对象的一种方法。它是一种定性分析方法，适用于价值工程对象初选阶段。

（2）ABC 分析法

ABC 分析法是一种定量分析方法，将成本（设计方案优化时可以是造价）百分比表示在纵坐标上，零部件（设计方案优化时可以是分部工程）占有的数量百分比表示在横坐标上，绘出分配曲线图，如图 3-6 所示。其中，A 区域的零部件（设计方案优化时可以是分部工程）就是价值工程选择的优化对象。

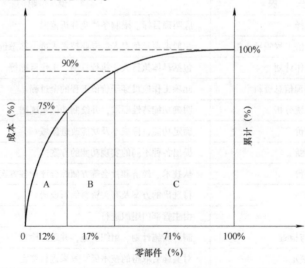

图 3-6 ABC 分析法

（3）百分比法

百分比法是一种定量分析方法，通过分析每个对象的若干技术经济指标所占的百分比，并考查每个对象的指标百分比的综合性比率，最终选择优化对象。

【实例分析 3-5】 用百分比法选择对象

某企业有四种建筑产品，其成本和利润情况见表 3-4。

表 3-4 产品成本和利润

产品名称	A	B	C	D	合 计
成本（万元）	100	200	120	150	570
成本/总成本（%）	17.54	35.09	21.05	26.32	100
利润（万元）	10	22	10	17	59
利润/总利润（%）	16.95	37.29	16.95	28.81	100
利润百分比/成本百分比	0.97	1.06	0.81	1.09	
排序	3	2	4	1	

依据表 3-4 中"利润百分比/成本百分比"这一综合性比率进行排序，首选产品 C 进行价值工程优化，其次是 A。

（4）价值指数法

价值指数法是一种定量分析方法，依据价值指数的大小排序，首选价值指数小于 1 的对象进行价值工程优化。

【实例分析 3-6】 用价值指数法选择对象

某机械制造厂生产四种型号的挖土机，各种型号挖土机的主要技术参数及相应成本见表 3-5。

表 3-5 挖土机的主要技术参数及相应成本

产品型号	A	B	C	D
技术参数（百 m³/台班）	1.51	1.55	1.60	1.30
成本费用（百元/台班）	1.36	1.12	1.30	1.40
价值指数	1.11	1.38	1.23	0.93

依据表 3-5 中"价值指数"进行排序，选择挖土机 D 进行价值工程优化。

2. 功能分析

功能分析是价值工程活动的核心和基本内容，需要确认必要功能、补充不足功能、剔除不必要功能，建立并绘制功能系统图。例如，平屋顶功能系统图如图 3-7 所示。

功能分析需要进行功能定义。功能定义要求采用动词和名词宾语的形式对功能简明扼要地予以定义，主语是被定义的对象。例如，平屋顶的基础功能是承受荷载。

3. 功能评价

功能评价主要是比较各项功能的重要程度。具体可应用环比评分法、0~1 评分法、0~4

评分法等，计算各项功能的功能评价系数（即功能的权重系数）。

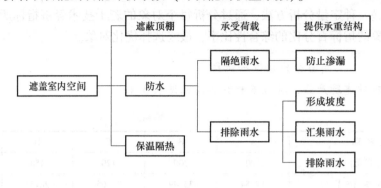

图 3-7 平屋顶功能系统图

（1）环比评分法。

环比评分法又称 DARE 法，是一种通过确定各种因素的重要性系数来评价和选择创新方案的方法。此方法适用于各个评价对象之间有明显的可比关系，能直接对比，并能准确地评价功能重要程度比值的情况。运用环比评分法确定功能评价系数的过程见表 3-6。

表 3-6 环比评分法示例

功　能	功能重要性评价		
	暂定重要性系数	修正重要性系数	功能评价系数 F_i
(1)	(2)	(3)	(4)
F_1	1.5	9.0	0.47
F_2	2.0	6.0	0.32
F_3	3.0	3.0	0.16
F_4		1.0	0.05
合计		19.0	1.00

（2）0~1 评分法

0~1 评分法是一种专家打分法。运用 0~1 评分法确定功能评价系数的步骤如下：

1）功能之间两两相比：重要者得 1 分，不重要者得 0 分，功能自己与自己比较不得分用"×"表示。

2）累计每个功能得分。

3）为防止出现功能得分为 0 的情况，对所有功能得分加 1 进行修正。

4）各功能修正得分除以所有功能修正得分之和即为该功能的评价系数。

运用 0~1 评分法确定功能评价系数的示例见表 3-7。

表 3-7 0~1 评分法示例

功　能	F_1	F_2	F_3	F_4	F_5	功能得分	修正得分	功能评价系数 F_i
F_1	×	1	1	0	1	3	4	0.267
F_2	0	×	1	0	1	2	3	0.200

（续）

功　能	F_1	F_2	F_3	F_4	F_5	功能得分	修正得分	功能评价系数 F_i
F_3	0	0	×	0	1	1	2	0.133
F_4	1	1	1	×	1	4	5	0.333
F_5	0	0	0	0	×	0	1	0.067
合计						10	15	1.000

（3）0~4 评分法

0~4 评分法也是一种专家打分法。运用 0~4 评分法确定功能评价系数的步骤如下：

1）功能之间两两相比：很重要的功能得 4 分，另个一很不重要的功能得 0 分；较重要的功能得 3 分，另一较不重要的功能得 1 分；同样重要或基本同样重要时，则两个功能各得 2 分；功能自己与自己比较不得分，用"×"表示。

2）累计每个功能得分。

3）各功能得分除以所有功能得分之和即为该功能的评价系数。

运用 0~4 评分法确定功能评价系数的示例见表 3-8。

表 3-8　0~4 评分法示例

功　能	F_1	F_2	F_3	F_4	F_5	功能得分	功能评价系数 F_i
F_1	×	3	3	4	4	14	0.350
F_2	1	×	2	3	3	9	0.225
F_3	1	2	×	3	3	9	0.225
F_4	0	1	1	×	2	4	0.100
F_5	0	1	1	2	×	4	0.100
合计						40	1.000

4. 价值指数的计算

1）价值指数的计算结果。价值指数的计算结果有以下三种情况：

① $V=1$。这种情况一般无须改进。

② $V<1$。一种可能是存在着过剩的功能；另一种可能是功能虽无过剩，但实现功能的条件或方法不佳，以致实现功能的成本大于功能的实际需要。这两种情况都应列入功能改进的范围。

③ $V>1$。这种情况应进行具体分析，功能与成本的分配可能已较理想，或者有不必要的功能，或者应该提高成本。

2）价值指数的计算方法。依据式（3-28），价值指数有绝对值法和相对值法两种计算方法。

① 绝对值法。计算公式为

$$\text{第 } i \text{ 个评价对象的价值指数 } V = \frac{\text{第 } i \text{ 个评价对象的功能评价值 } F}{\text{第 } i \text{ 个评价对象的现实成本 } C} \qquad (3\text{-}30)$$

式中　F——以成本形式表达的依据功能评价系数分配的目标成本（即功能越重要，实现该功能的成本就越大）；

C——实现某功能的现有方案的现实成本。

以绝对值法计算价值指数的示例见表 3-9。

表 3-9　绝对值法计算价值指数示例

功　能	功能评价系数①	功能评价值 ②=目标成本×①	现实成本 ③	价值指数 ⑤=②/③	改善幅度 ⑤=③-②
F_1	0.47	235	130	1.81	0
F_2	0.32	160	200	0.80	40
F_3	0.16	80	80	1.00	0
F_4	0.05	25	90	0.28	65
合计	1.00	500	500		105

表 3-9 中，$V<1$ 的 F_2 和 F_4 需要进行优化改进。

② 相对值法

$$第 i 个评价对象的价值指数 V = \frac{第 i 个评价对象的功能评价系数 F}{第 i 个评价对象的现实成本系数 C} \qquad (3-31)$$

以相对值法计算价值指数的示例见表 3-10。

表 3-10　相对值法计算价值指数示例

功　能	功能评价系数①	现实成本②	现实成本系数③	价值指数④=①/③
F_1	0.47	130	0.26	1.81
F_2	0.32	200	0.40	0.80
F_3	0.16	80	0.16	1.00
F_4	0.05	90	0.18	0.28
合计	1.00	500	1.00	

表 3-10 中，$V<1$ 的 F_2 和 F_4 需要进行优化改进。

表 3-9 和表 3-10 的计算示例说明，对同一个选择对象，无论是使用绝对值法还是相对值法，价值指数的计算结果应该是一样的。

5. 方案优化

根据价值指数分析结果及目标成本改善幅度的要求进行设计方案的优化。常采用头脑风暴法（BS 法）、模糊目标法（哥顿法）、专家函询法（德尔菲法）等方法进行方案创新，并对创新方案进行评价，以判断创新方案是否是对原有方案的优化。

3.3.3　价值工程在设计方案优化中的应用

在某工程项目中，设计人员根据建设方的使用要求，提出了 A、B、C 三个设计方案。A 方案的单位面积造价 1680 元/m²，B 方案的单位面积造价 1720 元/m²，C 方案的单位面积造价 1590 元/m²。该项目的概算为 13580 万元，考虑 8% 的控制预留，按 12493.6 万元下达限额设计目标。

1. 方案优选

邀请专家从五个方面进行功能分析：平面布置合理性、采光通风通透性、结构可靠性、层高层数舒适性和节能环保性。

（1）确定五个功能的功能评价系数。

采用0~4评分法，见表3-11。

表3-11　功能评价系数的计算

项　　目	平面布置合理性	采光通风通透性	结构可靠性	层高层数舒适性	节能环保性	得分	功能评价系数
平面布置合理性	×	3	1	3	3	10	0.250
采光通风通透性	1	×	0	2	2	5	0.125
结构可靠性	3	4	×	4	4	15	0.375
层高层数舒适性	1	2	0	×	2	5	0.125
节能环保性	1	2	0	2	×	5	0.125
合计						40	1

（2）方案的功能达成度评价

专家对三个方案实现上述五个功能的达成度进行分析评价，评分结果见表3-12。

表3-12　方案的功能达成度评价

方案＼功能	A	B	C
平面布置合理性	9	8	9
采光通风通透性	8	7	8
结构可靠性	8	10	10
层高层数舒适性	7	6	8
节能环保性	10	9	8

（3）选择最优设计方案

对三个方案的价值指数进行计算，进而选择出最优设计方案。A、B、C三个方案的价值指数见表3-13。

表3-13　价值指数计算

项目功能	功能评价系数	A方案		B方案		C方案	
		功能得分	功能加权得分	功能得分	功能加权得分	功能得分	功能加权得分
平面布置合理性	0.250	9	2.250	8	2	9	2.250
采光通风通透性	0.125	8	1	7	0.875	8	1
结构可靠性	0.375	8	3	10	3.750	10	3.750
层高层数舒适性	0.125	7	0.875	6	0.750	8	1
节能环保性	0.125	10	1.250	9	1.125	8	1
方案功能总得分		8.375		8.500		9.000	
方案功能评价系数		0.324		0.328		0.348	
方案成本评价系数		0.337		0.345		0.318	
方案价值指数		0.961		0.951		1.094	

由表 3-13 的计算分析可知，C 方案的价值指数最大，所以 C 方案为最优方案。由此可见，价值工程可用于设计方案的评价及最优设计方案的选择。

2. C 方案的优化

C 方案被确定为最优设计方案后，可以继续应用价值工程进行设计优化。通过专家经验分析，并且将 C 方案与类似已建项目的数据信息进行对比，发现土方和基础工程、地下结构工程、主体结构工程和装饰装修工程四个分部工程对造价影响较大，所以将该四个分部工程作为应用价值工程的对象进一步开展价值工程分析，进而对 C 方案进行优化。

（1）功能及成本分析

建设方再次邀请专家对 C 方案进行功能分析和评分，得到各分部工程功能评分及预算成本，见表 3-14。

表 3-14　分部工程功能评分及预算成本

分 部 工 程	功 能 评 分	预算成本（万元）
土方和基础工程	12	1650
地下结构工程	14	1500
主体结构工程	36	4800
装饰装修工程	38	5630
合计	100	13580

（2）成本改进分析

该项目的概算为 13580 万元，按 12493.6 万元下达限额设计目标。根据限额设计目标及功能评价系数进行目标成本的分解，并与设计方案的预算成本对比，确定成本改进期望值（见表 3-15）。

表 3-15　成本改进期望值计算

分部工程	功能评分	功能评价系数	预算成本（万元）	目标成本（万元）	成本改进期望值（万元）
土方和基础工程	12	0.12	1650	1499.23	150.77
地下结构工程	14	0.14	1500	1749.10	−249.10
主体结构工程	36	0.36	4800	4497.70	302.30
装饰装修工程	38	0.38	5630	4747.57	882.43
合计	100	1.00	13580	12493.60	1086.40

（3）方案优化

依据表 3-15，除了地下结构工程不需要进行设计优化，其余三个分部工程都需要进行优化设计。其中，装饰装修工程优化设计的潜力最大。

价值工程能否取得成功，关键是功能分析评价之后能否构思出有效的改进方案。这是一个创造、突破、精制的过程，常采用头脑风暴法、哥顿法、德尔菲法等方法。当优化设计完成后，还需要对优化前后的设计文件进行造价测算对比分析，确保优化方案符合国家、行业相关规范要求，符合项目特点和实际情况，优化后方案应该更加经济合理。

3.4 设计阶段工程造价管理关键点三——限额设计

限额设计是实施工程造价管理的一个重要方法。在设计阶段，分析投资目标（投资估算/设计概算）的合理性及限额设计实现的可能性；按项目实施内容和标准进行投资分析和投资分解，与设计单位一起进行方案预设计，确定限额设计分解目标及关键控制点，编制限额设计指标书；实时监控设计方案造价情况，重点关注对造价影响较大的关键部位，一旦出现造价超限的情况，配合设计单位进行设计优化、调整测算分析，直至满足限额要求；在出图前，对设计文件进行全面造价测算，直至满足限额设计目标。

3.4.1 限额设计的概念

要在设计阶段对投资进行有效的管理，需要从整体上加强对项目投资的管理，由被动反应变成主动管理，由事后核算变成事前管理，而限额设计就是根据上述要求提出的一种造价管理方法。所谓限额设计，是指按照批准的设计任务书及投资估算控制初步设计，按照批准的初步设计总概算控制施工图设计，同时各专业在保证达到使用功能的前提下，按分配的投资限额控制设计，严格控制技术设计和施工图设计的不合理变更，保证总投资限额不被突破。

由上述限额设计的定义可见，限额设计的管理对象是影响工程设计的静态投资。进行投资分解和工程量控制是实行限额设计的有效途径和主要方法。在整个设计过程中，设计人员与经济管理人员密切配合，做到技术与经济的统一。限额设计并不是一味考虑节约投资，也绝不是简单地将设计孤立，而是在"尊重科学、尊重实际、实事求是、精心设计"的原则指导下进行的。设计人员在设计时要考虑经济支出，做出方案比较，有利于强化设计人员的工程造价意识，进行优化设计；经济管理人员应及时进行造价计算，为设计人员提供信息，使设计小组内部形成有机整体，克服相互脱节现象，通过层层限额设计来实现对项目投资限额的动态管控。限额设计帮助设计人员增强经济观念，在设计中，各自检查本专业的工程费用，切实做好全过程工程造价管理工作，改变"设计过程不算账，设计完了见分晓"的现象，由"画了算"变成"算着画"。

3.4.2 限额设计的目标

限额设计的目标是在初步设计开始前，根据批准的可行性研究报告及其投资估算确定的限额设计指标经项目经理或总设计师提出并审批下达，其下达额度一般对应直接工程费，以便项目经理或总设计师留有一定的调节指标，限额指标用完后，必须经批准才能调整。专业之间或专业内部节约下来的单项费用，未经批准，不能相互调用。

要合理确定设计限额，使设计限额真正起到控制作用，就必须尊重科学、尊重实际、实事求是、精心设计，并维护设计限额的严肃性；既要反对故意压低投资、有意漏项，从而给整个项目投资控制留下先天性隐患的倾向，又要反对有意抬高投资，导致设计功能过剩或设计标准过高的浪费倾向。

限额设计的目标中必须体现设计标准、规模、原则的合理性，通过层层分解，实现对投资限额的控制与管理，也就同时实现了对设计规模、设计标准、工程量及概预算指标等方面的控制。

73

3.4.3 限额设计的内容及流程

1. 限额设计的内容

根据限额设计的概念可知，限额设计的内容主要体现在可行性研究中的投资估算、初步设计和施工图设计三个阶段。同时，在 BIM 技术尚未全面普及、仍存在大量设计变更的现状下，还应考虑设计变更的限额设计内容。

（1）投资估算阶段

投资估算阶段是限额设计的关键。对政府投资项目而言，决策阶段的可行性研究报告是政府部门核准投资总额的主要依据，而批准的投资总额则是进行限额设计的重要依据。为此，应在进行多方案技术经济分析和评价后确定最终方案，提高投资估算的准确度，合理确定设计限额目标。

（2）初步设计阶段

初步设计阶段需要依据最终确定的可行性研究报告及其投资估算，对影响投资的因素按照专业进行分解，并将规定的投资限额下达到各专业设计人员。设计人员应用价值工程的基本原理，通过多方案技术经济比选，创造出价值较高、技术经济性较为合理的初步设计方案，并将设计概算控制在批准的投资估算内。

（3）施工图设计阶段

施工图是设计单位的最终成果文件之一，应按照批准的初步设计方案进行限额设计，施工图预算需控制在批准的设计概算范围内。

（4）设计阶段的设计变更

由于设计外部条件制约及主观认识局限性，建设项目中往往会有设计修改和变更，会导致工程造价的变化。

设计变更应尽量提前，如图 3-8 所示。变更发生得越早，损失越小；反之，则损失越大。如果在设计阶段变更，则只是修改图样，其他费用尚未发生，损失有限；如果在采购阶段变更，则不仅要修改图样，而且还需要重新采购设备、材料；如果在施工阶段变更，则除上述费用外，已经施工的工程可能还需要拆除，势必造成重大损失。为此，必须加强设计变更管理，尽可能把设

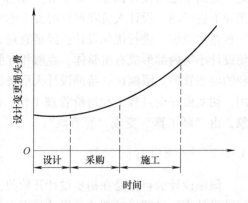

图 3-8　设计变更损失费变化

计变更控制在设计阶段初期，对于非发生不可的设计变更，应尽量在事前预计，以减少变更对工程造成的损失。尤其对于影响造价权重较大的变更，应采取先计算造价、再进行变更的办法解决，使工程造价得到事前有效管理。

2. 限额设计流程

限额设计流程实际上就是建设项目投资目标在设计阶段的管理过程，即目标分解与计划、目标实施检查、信息反馈的管理循环过程。该流程如图 3-9 所示。

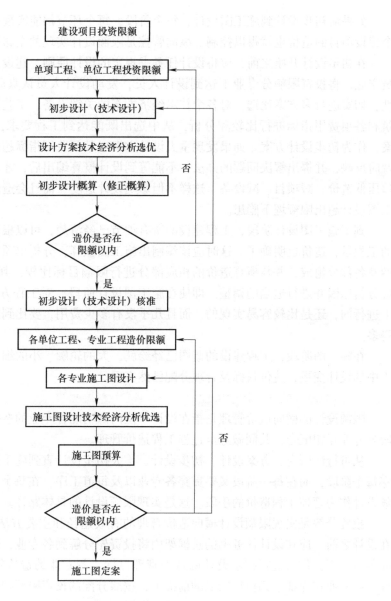

图 3-9 限额设计流程

3.4.4 限额设计的造价管理

限额设计的工程造价管理可以从两个角度入手：一种是按照设计过程从前向后依次进行管控，称为纵向管控；另一种是对设计单位及其内部各专业、科室及设计人员进行考核，实施奖惩，进而保证不突破限额的管控方法，称为横向管控。

1. 限额设计的纵向造价管理

限额设计的纵向管理即随着设计阶段的推进及设计过程的深入，以上一阶段确定的工程造价作为限额目标进行造价管控的过程：按照批准的可行性研究及投资估算控制初步设计，按照批准的初步设计总概算控制施工图设计。

如果从初步设计到施工图设计，每个阶段、每个环节都能实现预定的造价管理目标，整个建设项目的造价也就得以控制。纵向管控是限额设计实现的主路径。

在初步设计开始之前，应将设计任务书规定的设计原则、建设方针和投资限额向设计人员交底，将投资限额分专业下达到设计人员，发动设计人员认真研究实现投资限额的可能性，切实进行多方案比选，对各个技术经济方案的关键设备、工艺流程、总图方案、总图建筑和各项费用指标进行比较和分析，从中选出既能达到工程要求，又不超过投资限额的方案，作为初步设计方案。如果发现重大设计方案或某项费用指标超出任务书的投资限额，应及时反映，并提出解决问题的办法，不能等到设计概算编出后，才发现投资超出限额，再被迫压低造价，减项目、减设备。这样不但影响设计进度，而且会造成设计上的不合理，给施工图设计超出限额埋下隐患。

到了施工图设计阶段，工程建设的所有细节已经清楚，可以根据施工图设计计算出详细的工程量，造价也明确了。这时应该编制出施工图预算，分析单项工程、单位工程造价的数额及各部分组成，并与概算造价的相应部分进行限额目标比较，判断是否超限，如果超限，应分析原因并进行适当的调整。即使在施工图设计阶段，对工程方案的调整也是在"纸面"上进行的，还是比较容易实现的，而且几乎没有多少费用，要比到施工阶段再调整的代价小得多。

在施工图阶段，工程建设的蓝图已经绘就，大的轮廓、小的细节均已确定，如果没有施工中的设计变更，造价目标及合理分配已然实现。

2. 限额设计的横向造价管理

限额设计的横向造价管理是指在设计单位内部明确各专业的造价管控责任，在各设计阶段各专业互相配合，共同做好全过程工程造价管理。

从可行性研究、方案设计、初步设计、扩大初步设计直到施工图设计，限额设计必须贯穿每个阶段，而在每一阶段又要贯穿各专业以及每道工序，在每个专业、每道工序都要把限额设计作为管控工程造价的手段。这是实现限额设计的具体路径。

投资分解是实现限额设计横向造价管理的有效途径和主要方法。设计任务书获批准后，在设计之前，应在设计任务书的总框架内将投资先分解到各专业，然后再分解到各单项工程和单位工程，作为进行初步设计的造价管理目标。各专业的造价管理目标就是限额设计目标。各专业在保证达到使用功能的前提下，按照分配的投资限额控制设计，严格控制技术设计和施工图设计的不合理变更，保证总投资限额不被突破。

3.4.5 限额设计的缺陷及完善措施

1. 限额设计的缺陷

限额设计虽然能够有效地管理工程造价，但在应用中也有一些不足之处，主要表现在以下几个方面：

1）限额中的总额比较好把握，但其指标的分解有一定难度，操作也有一定困难，各专业设计人员在实际设计过程中按照分解的造价来管理设计，说起来容易但做起来较难。这也是我国多年推行限额设计但效果不甚理想的原因之一。限额设计的理论及其操作技术有待于进一步发展。

2）限额设计由于突出地强调了设计限额的重要性，而忽视了工程功能水平的要求，以及功能与成本的匹配性，可能会出现功能水平过低而增加工程运营维护成本的情况，或者在投资限额内没有达到最佳功能水平的现象。价值工程理论提出了五种提高价值的途径，其中之一是"成本稍有增加，而功能水平大幅度提高"，即允许在提高价值（大幅度提高功能水平）的前提下小幅度增加成本。然而，在限额设计要求下，这种提高价值的途径往往不被采用。

3）限额设计中的限额包括投资估算、设计概算、施工图预算等，均是指建设项目的一次性投资，而对项目建成后的维护使用费、能源消耗费用、项目使用期满后的报废拆除费用则考虑较少，也就是较少考虑建设项目的生命周期成本。这样就可能出现限额设计效果较好，但项目的全生命周期费用不一定很经济的现象。尤其是在强调节能、环保、可持续发展等现有建筑观的背景下，仅以建造时期的造价作为限额指标可能有一些片面性。

2. 限额设计的完善措施

针对上述限额设计的不足之处，在推行过程中应该采取相应措施予以完善：

1）要正确、科学地分解限额指标，制定一系列技术、经济措施，促使技术、经济专业人员相互配合，共同完成总体和分部、分专业的限额设计指标。

2）不能单纯地过分强调限额，在对不同结构、部位进行功能分析的基础上，如果适当地提高造价有助于价值的提高，就应该突破允许限额，通过降低其他部位造价（在不影响使用功能的前提下）等方法，保证总体限额不被突破。这时限额设计的意义更多地体现在造价的合理、科学分配上。

3）要将可持续发展观贯彻到设计中，按照住建部强调的"四节"（节能、节水、节地、节材）、环保、与周边环境协调等要求，从建设项目全生命周期的角度对造价进行分析、评价，如果有利于工程使用费、能耗等的降低，建造成本适当提高也是应该允许的。

3.5 本章小结

设计费占工程总造价不到1%，但在决策正确的条件下，设计对工程造价的影响程度达75%以上。因此，设计阶段的造价管理是全过程造价管理的重要阶段。

本章在介绍设计阶段工程造价的重要意义、内容和程序、管理重点的基础上，详细介绍了设计阶段工程造价管理造价控制的三个关键点：工程设计的经济评价、价值工程和限额设计。

工程设计的经济评价是采用技术与经济比较的方法进行多方案比选，针对不同的设计方案，分析其技术经济指标，从中选取技术先进、经济合理的最佳设计。

价值工程是通过研究对象的功能与生命周期成本的比值（价值）进行设计方案的优选或设计方案的优化。建设项目的各阶段都可以实施价值工程，但是在设计阶段实施价值工程更为有效。

限额设计是指按照批准的设计任务书及投资估算控制初步设计，按照批准的初步设计总概算控制施工图设计，同时各专业在保证达到使用功能的前提下，按分配的投资限额控制设计，严格控制技术设计和施工图设计的不合理变更，保证总投资限额不被突破。进行限额分解和工程量控制是实行限额设计的有效途径和主要方法。

第 4 章
发承包阶段工程造价管理

4.1 概述

4.1.1 建设项目发承包概述

发承包是指交易的一方负责为另一方完成某项工作或供应一批货物，并按一定的价格取得相应报酬的一种交易行为。发承包双方之间存在着经济上的权利与义务关系，需要双方通过签订合同或协议予以明确，因此，发承包合同的签订应该是发承包阶段工程造价管理的重要工作。

建设项目发承包的内容可以是建设项目全过程各个阶段的全部工作，可分为建设项目的项目建议书、可行性研究、勘察设计、材料和设备的采购供应、建筑安装工程施工、建设项目监理以及工程咨询等不同阶段的工作，见表4-1。

表 4-1　建设项目发承包的内容

阶　段		定　义	内　容	承包人
项目建议书		由项目筹建单位或项目法人根据国民经济的发展、国家和地方中长期规划、产业政策、生产力布局、国内外市场、所在地的内外部条件，就某一具体新建、扩建项目提出框架性的总体设想	项目的性质、用途、基本内容、建设规模及项目的必要性和可行性分析等	工程咨询机构
可行性研究		建设项目投资决策前，对有关建设方案、技术方案或生产经营方案进行的技术经济论证	拟建项目的市场需求、资源条件、原料、燃料、动力供应条件、厂址方案、拟建规模、生产方法、设备选型、环境保护、经济效益、资金筹措、国民经济效益、社会效益等	工程咨询机构
勘察设计	工程勘察	工程测量、水文地质勘查和工程地质勘查	查明建设项目建设地点的地形地貌、地层岩性、土壤、地质构造、水文条件等自然地质条件，做出鉴定和综合评价，为建设项目的选址、工程设计和施工提供科学的依据	勘察设计单位

（续）

阶　　段		定　　义	内　　容	承 包 人
勘察设计	工程设计	根据工程的要求，对建设项目所需的技术、经济、资源、环境等条件进行综合分析、论证，编制建设项目设计文件的活动	初步设计、技术设计和施工图设计	勘察设计单位
材料和设备的采购供应		为完成建设项目施工而供应施工材料和工程设备	以公开招标、询价报价、直接采购等方式确定材料和设备供应商，由供应商提供合格的材料和设备	材料和设备供应商
建筑安装工程施工		施工企业根据建设项目设计文件的要求，对建设项目进行新建、扩建、改建的活动	施工现场的准备工作，永久性工程的建筑施工、设备安装及管道电气暖通安装等	施工企业
建设项目监理		具有相应资质的工程监理企业，接受建设人的委托，承担其项目管理工作，并代表建设人对承建单位的建设行为进行监控的专业化服务活动	对建设项目的可行性研究、勘察设计、材料及设备采购供应、工程施工直至竣工投产，实行全过程监督管理或阶段监督管理	监理企业
工程咨询		为建设项目的决策与实施提供全过程、全方位的服务	提供工程建设前期决策投资服务咨询；工程建设全过程以及专项咨询服务咨询；政府投资项目评审与审计、工程造价鉴定业务咨询；工程建设项目管理咨询服务咨询；对外投资、对外承包、对外援助、外商投资服务咨询	工程咨询机构

　　本章主要针对表 4-1 中"建筑安装工程施工"阶段的发承包进行全过程造价管理的论述。工程总承包与全过程造价管理的紧密结合将在第 7 章进行论述。

4.1.2　建设项目发包方式和承包模式

1. 建设项目发包方式

　　建设项目发包主要有招标发包和直接发包两种方式。

　　《中华人民共和国建筑法》（简称《建筑法》）第十九条规定，建筑工程依法实行招标发包，对不适于招标发包的可以直接发包。

　　建设项目招标分为公开招标和邀请招标。公开招标又称为无限竞争性招标，是由发包人通过报刊、广播、电视等方式发布招标广告，有投标意向的承包人均可参加投标资格审查，审查合格的承包人可购买或领取招标文件，参加投标的招标方式。邀请招标又称为有限竞争性招标，这种方式不发布广告，发包人根据自己的经验和所掌握的各种信息资料，向有承担该项工程施工能力的三个以上承包人发出投标邀请书，收到邀请书的单位有权利选择是否参加投标。邀请招标与公开招标一样都必须按规定的招标程序进行，发包人要制定统一的招标文件，承包人都必须按招标文件的规定进行投标。

2. 建设项目承包模式

　　（1）平行发承包

　　平行发承包是指发包人将施工任务分包给几个具有相应资质条件的施工承包商，分别签订施工合同。例如，将一个建设项目的土石方工程、基坑支护、主体结构与装饰、幕墙、门窗工程分别发包。注意不能违法肢解发包。这样的发承包模式有利于发包人对项目实施全盘把控，但对发包人的专业能力及管理能力要求较高，发包人合同管理的工作量也较大。

（2）施工总承包模式

施工总承包模式是指发包人将全部施工任务发包给具有相应资质条件的施工总承包商，发包人与施工总承包商通过签订合同明确双方的责任和义务。这是国内目前应用最广泛的一种建设项目承包模式。

在施工总承包模式中，施工总承包商需自行完成主体结构的施工，除主体结构以外的部分工程，经发包人同意，施工总承包商可以将其分包给具有相应资质条件的分包商。施工总承包商分别与各分包商签订合同，各分包商与发包人没有直接的合同关系。

（3）工程总承包模式

工程总承包模式主要包括 DB（设计-施工）模式、EPC（设计-采购-施工）模式。DB模式是指从事工程总承包的单位受发包人委托，按照合同约定，承担工程设计和施工任务。在 EPC 模式中，工程总承包商还要负责材料设备的采购工作。工程总承包模式能够为发包人提供工程设计和施工全过程服务，在国际上较为流行，近年来在我国逐渐被认识且进行推广。

工程总承包单位（或联合体）负责整个建设项目建设实施，可以发挥其自身优势完成建设项目设计、采购及施工的全部或一部分，也可以选择合格的分包商来完成相关工作。采用工程总承包模式，对工程总承包商的综合实力和管理水平有较高要求。工程总承包与全过程造价管理的紧密结合将在第 7 章进行论述。

4.1.3　发承包阶段工程造价管理的内容

1. 选择合理的发包方式

发包人通过选择合理的发包方式，择优选定承包人，不仅有利于确保工程质量和缩短工期，更有利于降低工程造价，是工程造价管理的重要手段。

采用公开招标的方式，发包人可以在较广的范围内选择承包人，投标竞争激烈，择优率更高，易于获得有竞争的商业报价，同时，也可以较大限度地避免招标过程中的贿标行为。但公开招标在准备招标阶段，对投标申请者进行资格预审和评标的工作量较大，招标时间长、费用高；若发包人对承包人的资格条件设置不当，常导致承包人之间的差异大，因而评标困难，甚至出现恶意报价行为；发包人和承包人之间可能缺乏信任，增大合同履约风险。

与公开招标方式相比，邀请招标不用发布招标公告，不进行资格预审，简化了招标流程，因而节约了招标费用，缩短了招标时间。而且，由于发包人比较了解承包人，从而减小了合同履约过程中承包人违约的风险。但邀请招标的投标竞争激烈程度较差，有可能会提高中标合同价格，也有可能排除某些在技术上或报价上有竞争力的承包人参与投标。

为了规范发承包行为，《中华人民共和国招标投标法》（简称《招标投标法》）和《中华人民共和国招标投标法实施条例》（简称《招标投标法实施条例》）对强制招标范围（见图 4-1）和强制招标范围内可以不招标的情形（见图 4-2）进行了规定。对于必须招标的项目，采用公开招标还是邀请招标，可以结合图 4-3 和图 4-4 予以判断。

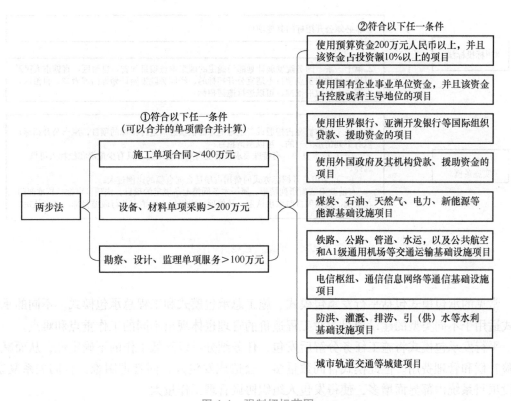

图4-1 强制招标范围

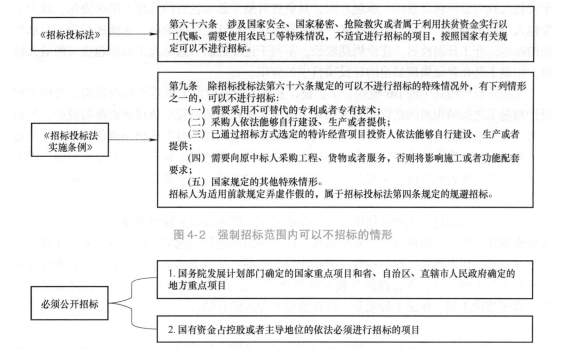

图4-2 强制招标范围内可以不招标的情形

图4-3 必须公开招标的情形

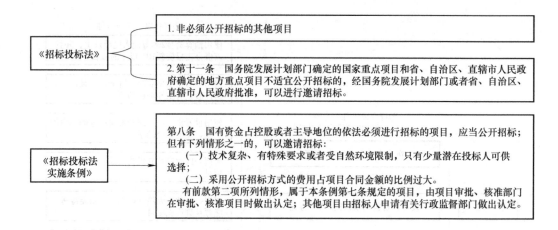

图 4-4　可以邀请招标的情形

2. 选择合理的承包模式

常见的承包模式包括平行发承包模式、施工总承包模式和工程总承包模式。不同的承包模式适用于不同类型的建设项目，对工程造价的管理也体现出不同的工作重点和难点。

平行发承包模式将施工任务分解后发包，任务细分可以降低工作的不确定性，从而减少风险补偿和管理费用。但此模式合同数量多，会造成发包人合同管理困难；合同关系复杂，建设项目系统内部界面增多，使得发包人组织协调管理工作量大。

施工总承包模式在开工前就有较明确的合同价，有利于发包人对总造价的早期控制；由于发包人只与总承包商签订了承包合同，只负责对施工总承包商的管理及组织协调，减少了发包人组织协调的工作量。但此模式一般要等施工图设计全部结束后，才能进行施工总承包商的招标，开工日期较迟，建设周期较长，不利于进度控制。这是施工总承包模式的最大缺点，限制了其在建设周期紧迫的建设项目中的应用。

工程总承包模式中的 DB 模式，工程设计和施工任务均由工程总承包商负责，可使工程设计与施工之间的沟通问题得到极大改善，减少了工程实施过程中争议和索赔的发生；发包人与工程总承包商之间通常签订总价合同，这样使发包人在项目实施初期就能确定工程总造价，便于工程总造价的控制。但由于发包人倾向于将大量的风险转移给工程总承包商，因此当风险发生而导致损失时，工程总承包商有可能通过降低工程质量等行为来弥补损失。

3. 发包文件的编制

建设项目的发包方式和承包模式一经批准确定，即应编制为发包服务的有关文件。发包人应根据建设项目的招标方式、发承包模式的具体情况进行发包文件的编制。发包文件应符合法律法规，内容齐全，前后一致，避免出错和遗漏，并应当实事求是，综合考虑和体现发包人和承包人的利益。不合理的发包文件可能会导致工程发包的失误，达不到降低建设投资、缩短建设工期、保证工程质量、择优选定承包人的目的。

4. 合同的签订

发承包阶段的最终结果是工程发承包双方签订合同。目前国内建设项目的合同格式一般有两种：按照国家示范文本［如国家工商行政管理总局和住房和城乡建设部制定的《建设工程施工合同（示范文本）》（GF—2017—0201）］订立合同；由发包人和承包人协商订立合同。不同的合同格式适用于不同类型的工程，正确选用合适的合同类型是保证合同顺利执行的基础。

4.2 发承包阶段工程造价管理关键点一——合同体系

4.2.1 建设项目合同体系的概念

建设项目合同体系是指由多个相互有关系的单个合同集合构成一个统一的整体，围绕建设项目的一致性总目标进行签订，相互配合、协调和制约。

建设项目合同体系是一个非常重要的概念，它不仅反映了建设项目的工作任务范围和划分方式，也反映了项目的建设模式，同时决定了项目的组织形式。建设项目合同体系是项目管理过程和建设思路的体现。

建设项目合同体系有广义和狭义之分。

广义的建设项目合同体系可以解释为建设项目的参与方，即发包人（或开发商）与承包商二者之间的工程施工承包合同，以及以二者为主体产生的其他合同关系（见图4-5）。

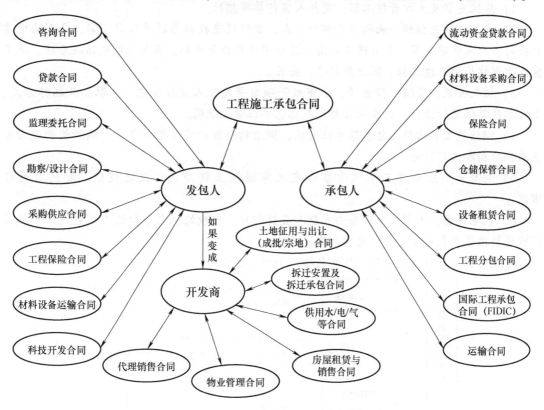

图 4-5　广义的建设项目合同体系

本章主要阐述"建筑安装工程施工"阶段的全过程造价管理，因此，此处的建设项目合同体系应该做狭义的理解。

所谓狭义的建设项目合同体系，是指以发包人为中心的建筑安装工程施工阶段的合同体系。发包人作为工程（或服务）的买方，是工程的所有者，可能是政府、企业、其他投资者，或几个企业的组合，或政府与企业的组合（如 PPP 项目）。

建设项目的合同体系在全过程造价管理中是一个非常重要的概念。它能够反映项目的整体实施计划，对整个项目管理的运作有很大的影响：

1）它反映了项目的发包方式和承包模式。

2）它反映了项目的任务范围和划分方式。

3）它反映了项目所采用的管理模式。

4）它在很大程度上决定了项目的组织形式。因为不同层次的合同常常决定了该合同的实施者在项目组织结构中的地位。

【实例分析 4-1】 中央电视台新台址建设项目合同体系

中央电视台新台址建设项目位于北京东三环中路和光华路交汇处的东北角，地处北京中央商务区的核心地带，基地总面积 196960m²，由 CCTV 主楼、TVCC 电视文化中心和服务楼组成。该项目施工阶段的发包情形如下：

1）基坑支护及土方开挖工程：发包人实行单项招标。

2）施工总承包招标：采取公开招标方式，最终提交投标书的单位有三家，分别为中建总公司、北京城建集团、上海建工集团。最后中建总公司中标，承包范围包括桩基础、地下室及上部结构的土建工程、钢结构制造、安装。

3）机电安装、幕墙、精装修、小市政等项目是发包人直接发包，采取公开招标方式，允许总包单位进行投标。这些项目都纳入总包单位管理范围。

4）钢结构安装由施工总承包单位实施，钢结构预埋由安装单位负责，钢结构制造由专业的钢结构加工厂负责。

5）混凝土供应由施工单位考察选定几家混凝土供应商，报送监理、发包人最终审定。

6）机电设备：大型机电设备由发包人直接招标，一般的机电管材线由机电施工单位将厂家资料报送发包人审定后，自行采购。

中央电视台新台址建设项目的发包情形如图 4-6 所示。

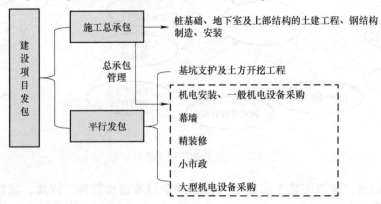

图 4-6　中央电视台新台址建设项目的发包情形

根据图4-6分析中央电视台新台址建设项目的发包方式及合同体系的特点及成因：

1）发包人将桩基础、基坑支护及土方开挖工程单项招标，可先行施工，缩短工期。

2）机电安装、幕墙、精装修、小市政等项目的深化设计可在主体施工开始后再进行，也能缩短工期。因此由发包人在施工总承包施工后再直接发包。

3）桩基础、地下室及上部结构的土建工程、钢结构制造、安装等主体结构施工总承包可以减少发包人组织协调的工作量，由有能力的施工总承包控制建设项目的主要实施风险。这不仅有利于发包人在控制工程质量中占据主导地位，而且有利于项目工程造价管理。

4）为了有效保证材料、设备的质量，大型机电设备甲供，其余设备、材料（包括混凝土）由承包人采购，但由发包人审定供应商。

【实例分析4-2】 广州新电视塔合同体系

广州新电视塔总高600m，总建筑面积约11万 m²，总占地面积约8.4万 m²，建筑安装工程概算约16亿元。广州新电视塔的结构由一个钢结构外筒和一个椭圆形混凝土核心筒组成，包括连接这两者的组合楼面和塔体顶部的钢结构桅杆天线。塔身高454m，上部天线高146m。组合楼面沿整个塔体高度按功能层分组，共约37层楼层。建设工期为50个月，质量目标为国家最高奖项鲁班奖。建设阶段由广州新电视塔建设有限公司负责，广州市政府委派广州市建设委员会负责领导监管工作。

广州新电视塔建设项目招标既有国内招标，也有国际招标。国内施工招标吸引了全国范围内的顶尖建筑企业参与投标；国际招标有设计方案竞赛和电梯设备采购：参加设计投标的投标人来自全世界13个一流的设计所；电梯设备采购吸引了全世界知名品牌及其先进设备参加竞投。

广州新电视塔项目招标的总体思路是，通过服务招标确定质量安全检测咨询、招标代理、造价咨询、施工监理、设计监理（咨询）、设备监理等，通过工程招标引入国内最优秀、综合实力最强、工程经验丰富、管理完善、具有相应资质的施工总承包企业，按合同约定对建设项目的质量、工期、造价等向建设人负责，负责整个项目的施工实施和总体管理协调，包括深化设计、施工组织和实施、材料采购、施工总体管理和协调、技术攻关等。其中部分专业工程由建设人直接公开招标，但都统一归口由总承包单位进行管理。

广州新电视塔项目的发包如图4-7所示，广州新电视塔项目的合同体系如图4-8所示。

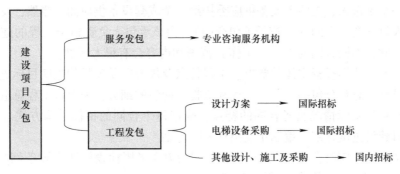

图4-7 广州新电视塔项目的发包

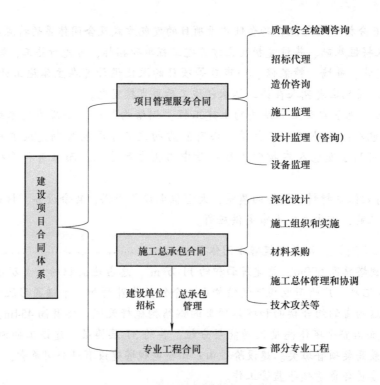

图 4-8　广州新电视塔项目的合同体系

广州新电视塔项目体现了目前我国大多数标志性建筑的发包特点：

1）设计方案、大型设备国际招标，其余国内招标。

2）选择专业机构提供建设项目管理的服务，使建设方拥有的项目管理职权中的智能部分向专业机构转移。

3）选择综合实力强、施工经验丰富、技术力量雄厚的施工总承包商。

4.2.2　建设项目合同体系的多元化

按照工程承包方式和范围的不同，发包人可能订立几十份合同。例如，将工程分专业、分阶段委托，将材料和设备供应分别委托，也可能将上述委托以各种形式合并，如把土建和安装委托给一个承包人、把整个设备供应委托给一个成套设备供应商。当然，发包人还可以与一个承包人订立全包合同（一揽子承包合同），由该承包人负责整个工程的施工和材料设备的采购。因此，不同合同的工程（工作）范围和内容会有很大区别。

建设项目需要依据投资主体的要求、工程特点及规模以及项目的进度目标进行合同体系整体框架的设计：总包分包的细分、工程和货物合同包的细分；需要将工程总造价分解到具体合同；结合项目实际情况及各合同的特点，确定每个合同的招标采购方式、合同计价模式；根据项目建设进度计划，编制年度招标采购计划。

合同体系的建立应符合《建筑法》《招标投标法》《招标投标法实施条例》《中华人民共和国民法典》等相关法律法规的规定。

【实例分析4-3】 合同体系中合同界面的划分

某大型公建项目中，在前期订立合同体系时，将机电工程中的管线和设备作为两个包，分别由两家安装公司施工。

负责设备订货及安装的公司坚持认为设备的配件（管线）不属于其承包范围，因此在订货时没有考虑；而负责管线的安装公司也不认为是自己的承包范围，造成扯皮。最终在管理公司的协调下，由负责管线安装的公司完成管线与设备的接口部分。

合同界面划分不清晰，必然造成承包界面和责任不清，增加重复计算造价的可能，同时也会增加控制造价的难度。

【实例分析4-4】 房地产企业项目合同体系

建设规模：项目规划用地面积约99000m²；规划总建筑面积约为35万m²，其中地上约25万m²，地下一层（地下车库）约10万m²。项目物业类型为住宅，规划总户数1990户，包括10栋小高层、14栋6层叠拼别墅、1个幼儿园、1栋3层独立商业。该项目施工阶段的发包情况如下：

基坑支护和土方开挖与主体结构分开，单独先行招标。

施工总承包的范围及工作内容：包括但不限于人工清槽及土护降完成后的工作面接收、房心回填及垫层、建筑及结构工程、砌筑及抹灰工程、装饰装修、部分机电系统预留预埋（线管敷设、套管预留、孔洞预留及封堵、预埋件等）、部分机电安装工程、垃圾用房、分户墙工程等，以及室内外加建、拆改等相关工作。

建筑工程分包：基坑支护和土方开挖、保温工程。

装饰工程分包：叠拼实体样板房精装修（含公共区域）、钢质入户门制作及安装、公共区域精装修、石材幕墙工程、外墙栏杆、栏板制作及安装工程、铝合金门窗及百叶制作及安装工程、外墙砖材料采购、防火门供应及安装工程、GRC线条（外墙线条）。

安装工程分为变配电工程、三表及室内三个包，分别发包。

某年度的项目招标采购计划见表4-2。

表4-2 年度项目招标采购计划表

序 号	招标项目名称	类 别	责任部门	采购方式	签约方式
1	叠拼实体样板房精装修	工程	工程管理部	邀请招标	综合单价
2	电梯采购供货及安装	材料设备	工程管理部	战略采购	固定总价
3	钢制入户门制作及安装	材料设备	工程管理部	战略采购	固定总价
4	开关、插座采购	材料设备	工程管理部	战略采购	固定总价
5	应急柜、低压配电柜采购	材料设备	工程管理部	邀请招标	固定总价
6	消防及防排烟工程	工程	工程管理部	邀请招标	固定总价
7	清污水泵采购	材料设备	工程管理部	邀请招标	固定总价
8	保温工程	工程	工程管理部	邀请招标	综合单价
9	公共区域精装修	工程	工程管理部	邀请招标	综合单价
10	石材幕墙工程	工程	工程管理部	邀请招标	综合单价
11	外墙栏杆栏板制作及安装工程	工程	工程管理部	邀请招标	综合单价

（续）

序　号	招标项目名称	类　别	责任部门	采购方式	签约方式
12	铝合金门窗及百叶制作及安装工程	工程	工程管理部	邀请招标	综合单价
13	外墙砖材料采购	材料设备	工程管理部	邀请招标	综合单价
14	防火门供应及安装工程	工程	工程管理部	邀请招标	综合单价
15	GRC 线条	工程	工程管理部	邀请招标	综合单价
16	可视对讲设备采购	材料设备	工程管理部	邀请招标	固定总价
17	弱电工程	工程	工程管理部	邀请招标	固定总价
18	有线电视、电话、宽带工程	工程	工程管理部	直接委托	固定总价
19	单元门制作及安装工程	工程	工程管理部	邀请招标	综合单价
20	室内外燃气工程	工程	工程管理部	直接委托	固定总价
21	发电机供货及安装工程、降噪	材料设备	工程管理部	邀请招标	固定总价
22	变配点户表工程	工程	工程管理部	邀请招标	固定总价
23	市政给水工程、户表工程	工程	工程管理部	直接委托	固定总价
24	航空障碍灯采购	材料设备	工程管理部	邀请招标	固定总价
25	室外雨污水工程	工程	工程管理部	邀请招标	综合单价
26	无负压供水设备采购	材料设备	工程管理部	邀请招标	固定总价
27	幼儿园、配套、物业用房室内精装修工程	工程	工程管理部	邀请招标	综合单价

房企项目的合同体系有以下特点：

1）基坑支护和土方开挖与主体结构分开，单独先行招标，以缩短工期。因此，施工总承包的清单中，地下室只有人工捡底和回填（原土、买（素）土、买（砂砾石）土清单项），其余单体建筑清单从砌筑、钢筋混凝土开始列项。

2）由于房企项目非常重视进度目标管理，施工总承包先根据初设编制模拟清单，确定总包单位后，再根据施工图清标，将工程量写入合同清单，采用固定综合单价。

3）合同体系区分服务类、工程类、货物类进行年度招标采购计划。

4）为了缩短工期，除了施工总承包，还有大量的平行分包。

房企项目的合同体系更加精细化，体现了进度控制（缩短开发时间）的特点，且更有利于造价控制。

4.3　发承包阶段工程造价管理关键点二——合同类型

依据《建设工程施工合同（示范文本）》（GF—2017—0201）（简称《示范文本》）的规定，发承包双方在确定合同价款时，可以采用单价合同、总价合同和其他价格形式合同三种合同类型，如图4-9所示。在签订施工合同时，应根据工程实际情况选择合适的合同类型。

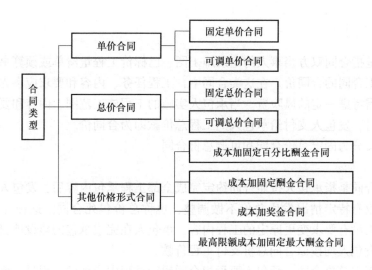

图 4-9 建设项目合同类型

4.3.1 单价合同

单价合同是由合同确定工程量的单价，工程量则按实际完成的数量结算，即量变价不变合同。发包人承担工程量方面的风险，承包人承担单价方面的风险。

采用单价合同方式，承包人根据工程特征和估算工程量，自主确定并报出完成每项工程内容的单位价格（综合单价），并据此计算出建设项目的合同总价。通常发包人委托工程造价咨询人编制工程量清单，承包人按工程量清单填报价格，进行报价。承包人报价时，在研究发包文件和合同条款的基础上，根据计价规范、计价定额，设计文件及相关资料，拟定的施工组织设计或施工方案，以及市场价格信息等进行成本计算和分析，同时在考虑应承担的风险范围及其费用后，按清单工程量表逐项报价，以工程量清单和单价为基础和依据计算出总报价。最终的结算价按照承包人实际完成应予计量的工程量与已标价工程量清单的单价计算，发生调整的，以确认调整的单价计算。

单价合同较为合理地分担了合同履行过程中的风险，对合同当事双方都比较公平，是目前国内外工程承包中采用较多的一种合同类型。

单价合同又分为固定单价合同和可调单价合同。

1. 固定单价合同

固定单价合同是指发承包双方在合同中签订的单价，双方应在合同中约定综合单价包含的风险范围和风险费用的计算方法，在约定的风险范围内，综合单价不再调整。风险范围以外的综合单价调整方法，应当在合同中约定。工程结算时，根据承包人实际完成的工程量乘以综合单价进行计算。

2. 可调单价合同

可调单价合同是指发承包双方在合同中签订的单价，可根据合同约定的调价方法做调整，可调价格包括可调综合单价、措施项目费等，双方应在合同中约定调整方式和方法。实践中，绝大多数的单价合同为可调单价合同。

4.3.2 总价合同

总价合同是指合同双方当事人约定以施工图、已标价工程量清单或预算书中的总报价作为建设项目施工合同的合同价。在这类合同中，工程任务、内容和要求应事先明确，承包人在投标报价时需考虑一定的风险费。当承包人实施的工程施工范围、内容和要求以及有关条件不发生变化时，发包人支付给承包人的工程总价款即为合同价。

总价合同又分为固定总价合同和可调总价合同。

1. 固定总价合同

固定总价合同是指承包人按照合同约定完成全部工程承包内容后，发包人支付一个事先确定的总价，没有特定情况发生总价不做调整，也称总价包死合同。这种合同在履行过程中，如果发包人没有要求变更原定的工程内容，承包人在完成承包的建设项目后，不论其实际成本如何，发包人均按原合同总价支付工程价款。

显然采用固定总价合同，承包人要承担合同履行过程中全部的工程量、价格、政策等变化的风险。因此，承包人在投标报价时，就要充分估计人工、材料（工程设备）和机械台班价格上涨，以及工程量变化等价格影响因素，并将其包含在投标报价中。所以，这种合同的投标价格一般较高。

固定总价合同的风险偏重于承包人，相对于发包人有利，故常被发包人所采用。固定总价合同一般适用于招标时设计深度已达到施工图设计要求、技术资料详细齐全、工程规模较小、工序相对成熟、合同工期较短，工程内容、范围、施工要求明确的中小型建设项目。

2. 可调总价合同

合同总价是一个相对固定的价格。当合同约定的工程施工内容和有关条件不发生变化时，发包人支付给承包人的工程价款总额是不会发生变化的。而在工程实施中，因承包人无法合理预见的市场价格波动、法律法规等变化，合同总价是可以相应调整的。若在图 4-10 所示的专用合同条款中进行了相关规定，则对应的就是可调总价合同。

2. 总价合同

总价包含的风险范围：＿＿＿＿＿＿＿＿＿＿＿＿＿＿＿＿＿＿＿＿＿＿

＿＿＿＿＿＿＿＿＿＿＿＿＿＿＿＿＿＿＿＿＿＿＿＿。

风险费用的计算方法：＿＿＿＿＿＿＿＿＿＿＿＿＿＿＿＿＿＿＿＿＿

＿＿＿＿＿＿＿＿＿＿＿＿＿＿＿＿＿＿＿＿＿＿＿＿。

风险范围以外合同价格的调整方法：＿＿＿＿＿＿＿＿＿＿＿＿＿。

图 4-10　可调总价合同的专用合同约定范式

4.3.3 其他价格形式合同

成本加酬金及定额计价的价格形式合同均可视作其他价格形式合同，由合同当事人在专用合同条款中进行约定。

成本加酬金合同是指合同当事人约定以施工工程实际成本再加合同约定酬金进行合同价款计算、调整和确认的建设项目施工合同。发包人向承包人支付建设项目的实际成本，并按合同约定的计算方法支付承包人一定的酬金。在这种合同中，发包人几乎承担了项目的全部风险；承包人不承担价格变化和工程量变化的风险，风险很小，当然其报酬往往也不高。

成本加酬金合同适用于时间特别紧迫、需要立即开展工作的项目，或对项目工程内容及技术经济指标尚未完全确定的工程，或工程特别复杂、技术方案不能预先确定、风险很大的项目。

成本加酬金合同按酬金计算方式的不同，有成本加固定百分比酬金合同、成本加固定酬金合同、成本加奖金合同、最高限额成本加固定最大酬金合同等形式。

1. 成本加固定百分比酬金合同

由发包人向承包人支付建设项目的实际成本，并按事先约定的实际成本的一定比例计算酬金。在合同签订时不能确定一个具体的合同价格，只能确定酬金的比例。这种方式的酬金总额随成本增加而增加，不利于缩短工期和降低成本。一般在工程初期很难描述工作范围和性质，或工期紧迫，无法按常规编制发包文件发包时采用。

2. 成本加固定酬金合同

根据双方讨论确定的工程规模、估计工期、技术要求、工作性质及复杂性、所涉及的风险等来考虑确定一笔固定数目的报酬金额作为管理费及利润，对人工、材料、机械台班等直接成本则实报实销。如果设计变更或增加新项目，当直接费超过原估算成本的一定比例时，固定报酬也要增加。在工程总成本一开始估计不准但可能变化不大的情况下，可采用此合同形式，有时可分几个阶段谈判付给固定报酬。这种方式虽然不能鼓励承包人降低成本，但为了尽快得到酬金，承包人会尽力缩短工期。有时也可在固定费用之外，根据工程质量、工期和节约成本等因素，给承包人另加奖金，以鼓励承包人积极工作。

3. 成本加奖金合同

奖金是根据报价书中的成本估算指标制定的，在合同中对这个估算指标规定一个低点和高点，分别为工程成本估算的 60%~75% 和 110%~135%。承包人在估算指标的低点以下完成工程则可得到奖金，超过高点则要对超出部分支付罚款。如果成本在低点以下，则可加大酬金值或酬金百分比。采用这种方式通常规定当实际成本超过高点对承包人进行罚款时，最大罚款限额不超过原先商定的最高酬金值。

在发包时，当图样、规范等准备不充分，不能据以确定合同价格，而仅能制定一个估算指标时，可采用这种合同形式。

4. 最高限额成本加固定最大酬金合同

在这种计价方式的合同中，需要约定或确定三个成本：最高限额成本、报价成本和最低成本。

1）当实际工程成本没有超过最低成本时，承包人花费的成本和酬金等都可得到发包人的支付，并与发包人分享节约额。

2）如果实际工程成本在最低成本和报价成本之间，承包人只有成本和酬金可以得到支付。

3）如果实际工程成本在报价成本和最高限额成本之间，则只有全部成本可以得到支付。

4）如果实际工程成本超过最高限额成本，则对超过部分，发包人不予支付。

4.3.4 合同类型的选择

发包人应综合考虑以下因素进行建设项目施工合同类型的选择。

1. 建设项目的复杂程度

规模大且技术复杂的建设项目，承包风险较大，各项费用不易准确估算，因而不宜采用总价合同。可以将有把握的部分采用总价合同，估算不准的部分采用单价合同或成本加酬金合同。在同一建设项目中采用不同的合同形式，是发包人和承包人合理分担施工风险因素的有效手段。

2. 建设项目的设计深度

施工发包时所依据的建设项目设计深度是选择合同类型的重要因素，发包图样和工程量清单的详细程度能否使承包人合理报价，取决于已完成的设计深度。表4-3列出了不同设计阶段与合同类型选择。

表 4-3　不同设计阶段与合同类型选择

合 同 类 型	设 计 阶 段	设计主要内容	设计应满足的条件
总价合同	施工图设计	1. 详细的设备清单 2. 详细的材料清单 3. 施工详图 4. 施工图预算 5. 施工组织设计	1. 设备、材料的安排 2. 非标准设备的制造 3. 施工图预算的编制 4. 施工组织设计的编制 5. 其他施工要求
单价合同	技术设计	1. 较详细的设备清单 2. 较详细的材料清单 3. 工程必需的设计内容 4. 修正概算	1. 设计方案中重大技术问题的要求 2. 有关实验方面确定的要求 3. 有关设备制造方面的要求
成本加酬金合同 或单价合同	初步设计	1. 总概算 2. 设计依据、指导思想 3. 建设规模 4. 主要设备选型和配置 5. 主要材料需要量 6. 主要建筑物、构筑物的形式和估计工程量 7. 公用辅助设施 8. 主要技术经济指标	1. 主要材料、设备订购 2. 项目总造价控制 3. 技术设计的编制 4. 施工组织设计的编制

虽然《建筑法》《招标投标法》等法律法规均规定，施工图设计后方可进行施工发包，但对于建设项目总承包的工程，上述合同对比选择原则是适用的。

3. 建设项目施工技术的先进程度

如果工程施工中有较大部分采用新技术和新工艺，当发包人和承包人在这方面过去都没有经验，且在国家颁布的标准、规范、定额中又没有可作为依据的标准时，为了避免承包人盲目地提高承包价款或由于对施工难度估计不足而导致承包亏损，不宜采用固定价合同，而应选用成本加酬金合同。

4. 建设项目施工工期的紧迫程度

有些紧急工程（如灾后恢复工程等）要求尽快开工且工期较紧，可能仅有实施方案，还没有施工图，因此，承包人不可能报出合理的价格，宜采用成本加酬金合同。

对于一个建设项目而言，采用何种合同形式不是固定的。即使在同一个建设项目中，各个不同的工程部分或不同阶段也可采用不同类型的合同。采用何种合同形式，取决于合同内容和项目特征等各种因素。表4-4从主要风险源、风险承担、项目规模、项目复杂程度以及项目外部环境等方面对合同类型进行选择比较。

表 4-4　建设项目合同类型的选择

合同类型		总价合同		单价合同		成本加酬金合同			
概念		合同中确定项目总价，承包人完成项目的全部内容		由合同确定工程量的单价，工程量则按实际完成的数量结算		发包人除支付实际成本外，再按某一方式支付酬金			
合同类型细分		固定总价合同	可调总价合同	固定单价合同	可调单价合同	成本加固定百分比酬金合同	成本加固定酬金合同	成本加奖金合同	最高限额成本加固定最大酬金合同
主要风险源		物价波动、气候条件恶劣、地质地基条件及其他意外困难等		物价波动、气候条件恶劣、地质地基条件、工程量变化及其他意外困难等		物价波动、气候条件恶劣、地质地基条件、设计、技术、社会、政治及其他意外困难等			
风险承担		风险主要由承包人承担		风险由发承包双方分担		风险主要由发包人承担			
选择标准	项目规模和工期长短	规模小，工期短		规模和工期适中		规模大，工期长			
	项目竞争情况	正常		激烈		不激烈			
	项目复杂程度	低		中		高			
	单项工程的明确程度	类别和工程量都很清楚		类别清楚，工程量可能会有出入		类别与工程量都不甚清楚			
	项目报价准备时间的长短	长		中		短			
	项目的外部环境因素	良好		一般		恶劣			

【实例分析 4-5】　涉及深化设计的合同类型的确定

某图书馆装修改造和消防改造工程，位于已正式通过验收的写字楼内。发包人拟通过公开招标方式确定消防专业分包单位，由消防专业分包单位负责完成消防工程的深化设计和消防工程施工，并保证其施工完成的消防工程通过消防部门的验收。

在合同价款形式的确定中，发包人在固定单价还是固定总价合同间犹豫。如采用固定单价合同，一旦确定消防承包人，消防工程的造价有可能随消防深化设计而发生改变，承包人也可以以通过验收为理由拒绝发包人修改设计，使造价控制陷于被动；如采用固定总价合同，可将消防工程的深化设计、施工和验收的风险尽可能都转移给分包单位，并将总造价固定，但也可能存在由于装修设计图发生较大变化，引起"包不死"的情况发生。

发包人最终选择了固定单价的合同价款形式进行招标，确定了分包单位。此项目招标合同价约为 197 万元，最终发生洽商费用约为 48 万元，达到了合同金额比例的 24.4%。如采用固定总价合同，则有可能降低洽商费用的比例。

4.4 发承包阶段工程造价管理关键点三——合同签订

4.4.1 合同价的约定

目前的单价合同大多采用工程量清单计价模式。实行工程量清单计价应采用综合单价法。综合单价的组成及合同价的构成按照《计价规范》中的相关规定，如图 4-11 所示。

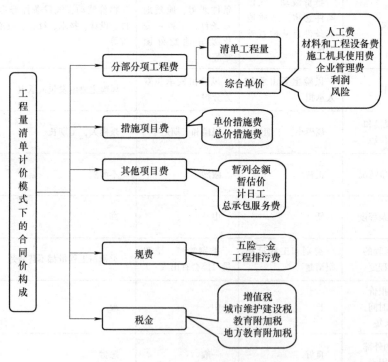

图 4-11　工程量清单计价模式下的合同价构成

1. 分部分项工程费

分部分项工程费是构成工程实体的主要费用，其计算方法是用各分部分项工程的工程量乘以其综合单价。

分部分项工程的工程量是由发包人提供的工程量清单确定的。工程量清单的准确性和完整性应由发包人负责。理论上讲，工程量清单的工程量数据是否准确并不影响最终的项目造价；但作为发承包阶段的造价控制，工程量清单的数据准确性是有意义的。具体如下：

1）减少投标人不平衡报价的机会。工程价款是依据实际完成的工程量来支付的，投标人会在不影响总报价的前提下，对工程量预计将减少的清单项目报价低一些，对工程量预计将增加的清单项目报价报高一些。这是投标人获取更多收入的报价技巧（不平衡报价应控制在合理范围内）。如果设计图的深度足够、工程量的准确性很高，则不平衡报价的可操作点会减少。

2）减少措施项目费的报价偏差。某些分部分项工程量的增减会对措施项目费用产生影响，例如混凝土工程量的增减将影响模板的费用。

3）减少施工方案的选取对报价的影响。某些分部分项工程量的增减会对相应的施工方案的选取产生影响，尤其是施工机械种类、型号的选择，进而影响工程费用。

基于上述原因，工程量清单提供的数据准确性有利于保障合同价（签约前是报价）的合理性，是发承包阶段全过程造价控制的一个关键工作。可以借助专业工具，如算量软件和BIM技术，提高工程量计算的准确性。基于BIM技术辅助合同价的确定将在4.4.4节介绍。

综合单价可采用不完全综合单价和完全综合单价。使用国有资金投资的建设项目发承包，必须采用工程量清单计价，必须遵循《计价规范》的规定。在《计价规范》中，综合单价是指人工费、材料和工程设备费、施工机具使用费、企业管理费、利润和一定范围内的风险费用的总和。依据此综合单价计算的分部分项工程费，再加上措施项目费、规费和税金等费用，才能构成合同价。因此，《计价规范》的综合单价是不完全综合单价。

非国有资金投资的建设项目（如房地产企业的开发项目）、水利水电、道路桥梁工程则已经开始尝试使用完全综合单价。

【实例分析 4-6】 不平衡报价

某单价合同中，A、B 两个分项工程，发包人提供的工程量和预计的工程量见表 4-5，相应的平衡报价和不平衡报价也列在表中。

表 4-5 不平衡报价数据表

建 设 项 目	工程量/m³		单价/（元/m³）	
	发包人提供	投标人预计	平衡报价	不平衡报价
A	43000	33000	85.00	76.50
B	35000	40000	120.00	130.44

报价时：

平衡报价：$43000\text{m}^3 \times 85$ 元$/\text{m}^3 + 35000\text{m}^3 \times 120$ 元$/\text{m}^3 = 7855000$ 元

不平衡报价：$43000\text{m}^3 \times 76.50$ 元$/\text{m}^3 + 35000\text{m}^3 \times 130.44$ 元$/\text{m}^3 = 7854900$ 元

结算时（若正如投标人预计）：

平衡报价：$33000\text{m}^3 \times 85$ 元$/\text{m}^3 + 40000\text{m}^3 \times 120$ 元$/\text{m}^3 = 7605000$ 元

不平衡报价：$33000\text{m}^3 \times 76.50$ 元$/\text{m}^3 + 40000\text{m}^3 \times 130.44$ 元$/\text{m}^3 = 7742100$ 元

采用不平衡报价，不会影响总报价，但结算时会有额外收益：

$$7742100 \text{ 元} - 7605000 \text{ 元} = 137100 \text{ 元}$$

　　单价的不平衡要有适当的尺度，要在合理的范畴内进行调整，不能畸高或畸低。发包人有可能要求承包人对那些被认为是明显偏高或明显偏低的项目单价提交单价分析。如果承包人能够对此做出令人信服的解释，比如有闲置的设备、有现成的临时设施或可供利用的库存材料、拥有特别优惠的采购渠道、拟采用的施工工艺可使相关分部分项工程的成本大幅度降低等，发包人一般不会在此类问题上过分计较。但如果个别分部分项工程的成本在整个单项工程中所占比重较大，其报价严重背离市场价格，而承包人又无法自圆其说，不排除发包人会判定"报价无效"或"单价分析不合理"。

　　如何判定报价严重背离市场价格？不妨参阅《四川省房屋建筑和市政工程工程量清单招标投标报价评审办法》的判定标准。

　　不平衡报价项目包含分部分项工程量清单综合单价项目和措施项目。

　　(1) 分部分项工程量清单综合单价项目不平衡报价的确定

　　1) 当投标人的某分部分项工程量清单项目综合单价低于或高于招标控制价相应项目综合单价的15%~25%（具体偏差幅度由招标人在招标文件中明确）时，该项目的报价视为不平衡报价。

　　2) 当综合单价项目的报价与投标人采取的施工方式、方法（如土石方的开挖方式、运输距离，回填土石方的取得方式及运距等类似项目）相关联时，若投标人该类项目的综合单价低于或高于招标控制价相应项目综合单价的20%~30%（具体偏差由招标人在招标文件中明确）时，投标人应在投标报价中对该类综合单价的组成做出专门说明，并在施工组织设计中编制相应的施工方式、方法。该类项目的报价是否视为不平衡报价按下列原则确定：

　　① 投标人在投标报价中未做出说明或其说明明显不合理的，视为不平衡报价。

　　② 投标人在其施工组织设计中未编制相应的施工方式、方法，但施工组织设计评审未否决其投标的，视为不平衡报价。

　　③ 综合单价的组成与其施工组织设计内容不对应或报价评审组经评审认为其综合单价组成不合理的，视为不平衡报价。

　　(2) 措施项目不平衡报价的确定

　　当投标人措施项目（安全文明施工费除外）总价低于或高于招标控制价相应价格的25%~35%（对于措施项目费用占工程总造价比例较大的建设项目，偏差幅度可适当放宽，具体偏差由招标人在招标文件中明确）时，措施项目报价视为不平衡报价。

　　不平衡报价项目金额的计算：

投标人不平衡报价项目的金额=∑（确定为不平衡报价的分部分项工程量清单项目综合单价×相应工程量）+确定为不平衡报价的措施项目总价

　　不平衡报价的处理：

　　① 当投标人不平衡报价项目的金额超过其投标总价（修正后）的10%~20%（具体幅度由招标人在招标文件中明确）时，报价评审组应否决其投标。

　　② 当投标人不平衡报价项目的金额未超过其投标总价（修正后）的10%~20%（具体幅度由招标人在招标文件中明确）时，报价评审组应在评标报告中记录，提醒招标人在签订合同时注意，并在施工过程中加强风险防范。

2. 措施项目费

措施项目费是指为保证工程顺利进行，发生于该工程施工准备和施工过程中的技术、生活、安全、环境保护等方面的项目费用。

措施项目费包括单价措施项目费和总价措施项目费。比如：安全文明施工费、夜间施工费、二次搬运费、冬雨季施工增加费、已完工程及设备保护费属于总价措施项目费；大型机械设备进出场及安拆费、混凝土模板及支架费、脚手架费属于单价措施项目费。其中，安全文明施工费必须按国家或省级、行业建设主管部门的规定计算，不得作为竞争性费用。其他措施项目费可根据承包人拟定的施工组织设计和现场实际情况确定其费用，并且可以对清单中所列的措施项目进行增补。

【实例分析 4-7】　措施项目费的约定

某工程的设计总说明中关于基础开挖的说明如下：

在基础开挖过程中出现部分基础在挖至设计标高后仍未达到持力层的情况。对于出现的超挖情况：

1) 基础形式及技术要求详见本工程基础部分图样。

2) 基槽开挖至设计标高时，如未达到个体工程中所要求的土层时，应继续下挖至个体工程中所要求土层下 200mm。超挖部分≤300mm 时，采用加厚垫层方法处理；超挖部分在 300~500mm 时，采用 C15 混凝土填至设计标高，每边多出基础边 500mm；超挖部分在 500mm 以上时，应会同设计单位共同研究处理。

此外，该项目的已报价工程量清单编制说明中措施项目费的说明如下：

投标人（中标后为承包人）对图样仔细阅读和理解，根据对设计图的理解，结合现场实际情况编制组织施工。模板、脚手架等措施项目应充分考虑该项目特点，除综合脚手架外，投标人应自行考虑填报其他脚手架及综合单价，项目工程量及综合单价包干使用，结算时不做调整。实施过程中，不得因施工抢工改变施工方案、基础换填或超挖加大施工高度等原因提出费用变更。

当出现基础换填或超挖加大施工高度时，措施项目费的增加是必然的，依据《计价规范》应当按实计取。而在本实例中，合同约定了与《计价规范》不一致的措施项目费计费方法。在基础换填或超挖加大施工高度时，是否应该另行计取增加的模板费用呢？在项目建设的实施过程中，合同的效力是非常高的，而《计价规范》尚不属于法律法规的范畴。本实例的已标价工程量清单属于合同的组成部分，因此，依据合同约定，无法计取增加的模板措施项目费用。

措施项目费的约定会影响实际的合同价款结算。在本实例中，发包人通过约定转移了措施项目费风险，承包人应该在报价时识别出该风险，通过报价予以应对。

3. 其他项目费

其他项目费主要包括暂列金额、暂估价（材料暂估价、工程设备暂估价、专业工程暂估价）、计日工、总承包服务费。

暂列金额是发包人暂定的并包含在合同中的一笔款项，是用于工程合同签订时尚未确定或者不可预见的所需材料、工程设备、服务的采购，施工中可能发生的工程变更、合同约定调整因素出现时的合同价款调整，以及发生的索赔、现场签证确认等的费用。

暂估价是指发包人在工程量清单或预算书中提供的用于支付必然发生但暂时不能确定价格的材料、工程设备的单价、专业工程以及服务工作的金额。

因此，暂估价分为材料（工程设备）暂估价和专业工程暂估价，见表4-6。

表4-6　其他项目清单与计价汇总表

工程名称：13规范清单计价（20定额）增值税工程项目\单项工程1【安装工程】

标段：　　第1页　共1页

序　号	项目名称	金额（元）	结算金额（元）	备　注
1	暂列金额			明细详见表12-1
2	暂估价			
2.1	材料（工程设备）暂估价/结算价			明细详见表12-2
2.2	专业工程暂估价/结算价			明细详见表12-3
3	计日工			明细详见表12-4
4	总承包服务费			明细详见表12-5

暂估价的确定需要慎重，需要造价专业人员基于专业判断进行合理的预测。暂估价的合理与否会对全过程造价管理的后阶段造价管控产生很大的影响。

【实例分析4-8】　暂估价的合同约定

某政府投资项目外立面工程，在总包发包阶段无深化设计方案的情况下，其建安费用作为专业工程暂估价700万元计列。

在项目实施过程中，图样深化后，总承包商拟对外立面开展分包招标，根据深化后设计确定招标控制价为1000万元，超出专业工程暂估价300万元。

首先分析本实例中，总承包商是否必须对外立面专业暂估工程采用招标方式确定分包商。《计价规范》中关于暂估价的规定：

9.9 暂估价

9.9.1 发包人在招标工程量清单中给定暂估价的材料、工程设备属于依法必须招标的，应由发承包双方以招标的方式选择供应商，确定价格，并应以此为依据取代暂估价，调整合同价款。

9.9.2 发包人在招标工程量清单中给定暂估价的材料、工程设备不属于依法必须招标的，应由承包人按照合同约定采购，经发包人确认单价后取代暂估价，调整合同价款。

9.9.3 发包人在工程量清单中给定暂估价的专业工程不属于依法必须招标的，应按照本规范第9.3节相应条款的规定确定专业工程价款，并应以此为依据取代专业工程暂估价，调整合同价款。

9.9.4 发包人在招标工程量清单中给定暂估价的专业工程，依法必须招标的，应当由发承包双方依法组织招标选择专业分包人，并接受有管辖权的建设工程招标投标管理机构的监督，还应符合下列要求：

1. 除合同另有约定外，承包人不参加投标的专业工程发包招标，应由承包人作为招标人，但拟定的招标文件、评标工作、评标结果应报送发包人批准。与组织招标工作有关的费用应当被认为已经包括在承包人的签约合同价（投标总报价）中。

2. 承包人参加投标的专业工程发包招标，应由发包人作为招标人，与组织招标工作有关的费用由发包人承担。同等条件下，应优先选择承包人中标。

3. 应以专业工程分包中标价为依据取代专业工程暂估价，调整合同价款。

依据《计价规范》的规定，暂估价对应的专业工程是否必须招标，判断标准应该是《必须招标的工程项目规定》（中华人民共和国国家发展和改革委员会令第16号）。本实例的外立面工程深化设计后，招标控制价已达到1000万元（施工单项合同估算价在400万元人民币以上），且属于国有投资项目，因此必须通过招标确定分包商。本实例的分包商确定方式是正确的。

其次，分析超出 300 万元的原因。原因主要有两点：①总包发包之后，分包发包之时，出台了系列人工调差和安全文明施工费调差文件；此外，环保治理带来了建筑材料价格暴涨。人工费、安全文明施工费等政策变化和材料市场变化导致了暂估价与控制价的较大偏差。②外立面深化与总包发包时的方案设计有较大差别。深化设计解决了项目原外立面设计方案功能性缺失、设计深度不足的问题，具有客观性与合理性，据此产生了暂估价与控制价之间的较大偏差。

最后，分析 300 万元应该谁来买单。《计价规范》中关于暂估价的规定，暂估价工程均以实际暂估价专业分包合同为依据替代专业工程暂估价计入结算，调整合同价款。因此，总包合同的结算会比总包合同价高出 300 万元左右（不考虑其他调价因素）。此 300 万元的造价偏差说明了一个问题：暂估价的确定与控制管理是合同价确定的难点与风险因素。此实例的造价失控，除了政策和市场风险，更大的原因还是暂估价确定的准确、合理性问题。

暂估价的确定受设计方案深度的影响，考验造价人员的工作深度、经验积累、专业能力，更需要对标同类型的外立面工程，基于数据库（甚至大数据）确定合理指标，通过指标预测暂估价。

计日工是指施工过程中，承包人完成发包人提出的工程合同范围以外的零星项目或工作，按合同中约定的单价计价的一种方式。

总承包服务费是指总承包商为配合协调发包人进行的专业工程发包，对发包人自行采购的材料、工程设备等进行保管以及施工现场管理、竣工资料汇总整理等服务所需的费用。

4. 规费

规费主要包括工程排污费、五险一金（养老保险费、失业保险费、医疗保险费、工伤保险费、生育保险费、住房公积金）。承包人必须按国家或省级、行业建设主管部门的规定、取费标准进行计算填报，不得作为竞争性费用。

5. 税金

税金主要包括增值税、城市维护建设税及教育附加税。承包人必须按国家或省级、行业建设主管部门的规定、取费标准进行计算填报，不得作为竞争性费用。

【实例分析 4-9】　"低于成本的报价"的判定

鲁布革水电站位于云南罗平县和贵州兴义县交界处，黄泥河下游的深山峡谷中。1981 年 6 月国家批准建设装机容量 60 万 kW 的中型水电站，被列为国家重点工程。工程由首部枢纽、发电引水系统和厂房枢纽三大部分组成。

鲁布革水电站是我国第一个利用世界银行贷款的基本建设项目，根据协议，工程三大部分之一的引水隧洞工程必须进行国际招标。

1982 年 9 月招标公告发布，设计概算 1.8 亿元，标底 1.4958 亿元，工期 1579 天。1982 年 9 月至 1983 年 6 月，资格预审，15 家合资的中外承包商购买标书。1983 年 11 月 8 日，投标大会在北京举行，总共有 8 家公司投标，其中一家废标（见表 4-7）。其中，法国 SBTP 公司报价最高（1.79 亿元），日本大成建设株式会社（简称日本大成公司）报价最低（8463 万元），两者竟然相差 1 倍多。评标结果公布，日本大成公司中标（投标价 8463 万元，是标底的 56.58%，工期 1545 天）。

表 4-7　投标单位及报价

投标人	折算报价（元）	投标人	折算报价（元）
日本大成公司	84630590.97	南斯拉夫能源工程公司	132234146.30
日本前田公司	87964864.29	法国 SBTP 公司	179393719.20
意美合资英波吉洛联营公司	92820660.50	中国闽昆、挪威 FHS 联营公司	121327425.30
中国贵华、前联邦德国霍兹曼联营公司	119947489.60	德国霍克蒂夫公司	废标

至完工后，日本大成公司共制造出了至少三大冲击波：第一波价格，中标价仅为标底的56.58%；第二波队伍，日本大成公司派到现场的只有一支30人的管理队伍，作业工人全部由中国承包公司委派；第三波结果，完工决算的工程造价为标底的60%，工期提前156天，质量达到合同规定的要求。

《招标投标法》第三十三条规定："投标人不得以低于成本的报价竞标，也不得以他人名义投标或者以其他方式弄虚作假，骗取中标。"

我国《招标投标法实施条例》第五十一条规定："有下列情形之一的，评标委员会应当否决其投标：……（五）投标报价低于成本或者高于招标文件设定的最高投标限价"。

法律做出这一规定的主要目的有两个：

1）为了避免出现投标人在以低于成本的报价中标后，再以粗制滥造、偷工减料等违法手段不正当地降低成本，挽回其低价中标的损失，给工程质量造成危害。

2）为了维护正常的投标竞争秩序，防止产生投标人以低于其成本的报价进行不正当竞争，损害其他以合理报价进行竞争的投标人的利益。

至于"低于成本的报价"的判定，在实践中是比较复杂的问题，需要根据每个投标人的不同情况加以确定。鲁布革水电站发电引水系统工程评标时，曾想把标授予第二名，由于没有理由否定第一名，不得不把标授予日本大成公司。国际招标面对的都是有能力、有经验的和成熟的投标人，他们是为了取得利润，不会投赔本的标。待我国的施工企业普遍成长为成熟的企业时，《招标投标法》中关于成本的规定就可以取消了。

目前，"低于成本的报价"的判定不妨参阅《四川省房屋建筑和市政工程工程量清单招标投标报价评审办法》的判定标准。

当投标人投标报价中的评审价（评审价=算术修正后的投标总价−安全文明施工费−规费−专业工程暂估价−暂列金额，下同）满足下列情形之一时，报价评审组必须对投标人的投标报价是否低于成本进行评审：

1）投标人的评审价低于招标控制价相应价格（招标控制价相应价格=招标控制价−安全文明施工费−规费−专业工程暂估价−暂列金额，下同）的85%。

2）投标人的评审价低于招标控制价相应价格的90%且低于所有投标人（指投标文件全部内容经过详细评审而未被否决的投标人）评审价算术平均值的95%。

当投标人的评审价低于招标控制价相应价格的85%时，投标人应在投标报价中对其低报价进行说明，阐明理由和依据，并在投标文件中附相关证明材料。

招标投标有低于成本价的判定，实际上，非招标投标的发承包同样存在这个问题，所以不妨参考招标投标中的做法。

4.4.2　承包范围的约定

合同的实施过程中，承包人在约定时间内完成承包范围内图样及规范定义的全部工作，按照合同约定进行工程结算即可。如果是总价合同，当施工内容和有关条件不发生变化时，发包人支付给承包人的价款总额不发生变化。

承包范围的约定十分重要。承包范围即合同约定的工程范围。在国内工程中，承包范围一般在投标须知、工程量清单、协议书等处约定。

实施过程中，一旦承包范围发生变化或约定不清晰，则可能造成合同外支付（签证或补充协议），影响全过程造价控制的目标达成。

【实例分析4-10】　承包范围的约定

承包人XJ建工与发包人SHS公司签订《土方工程合同》，约定采用工程量清单计价，总价包干。

招标文件特别说明，一切未填写报价于此细目表内之项目，均被视作包括在其他项目内。

《投标人须知》明确现场拆除包括回填旧河道和鱼塘等。

合同图样未显示鱼塘清淤。

工程量清单未载明鱼塘清淤。

《询标答卷》只表明河道清淤费用包含在合同价款之中，并未提及鱼塘清淤费用。

投标施工方案写明：本工程现场内有小水塘、河塘、鱼塘、三泾塘、部分南菘塘均需要填筑……这些部位均涉及河塘底的清理淤泥工作。

结算时，双方就鱼塘清淤工作是否属于合同包干范围的全部工作发生争议，多次协商未果后，XJ建工向仲裁委提起仲裁。

仲裁委裁决不增加鱼塘清淤价款。

此实例，双方纠纷的原因在于承包范围模糊：

首先，总价合同招标时，承包范围模糊可能为施工方创造索赔机会，承包人一般不会要求发包人澄清，自断追加价款可能。

其次，承包人不会将模糊工作纳入施工组织范围，在报价时会有意不考虑该模糊工作，以降低总价，提高中标率。

最后，中标后实施该模糊工作前，承包人会要求发包人确认是否要实施该模糊工作并要求其追加相应价款。

因此，承包范围的约定是造价控制的风险源。承包人承揽的是合同图样上承包范围内的全部工作，而非图样上的全部工作。

4.4.3　风险范围和风险幅度的约定

《计价规范》第9.8.2条规定：承包人采购材料和工程设备的，应在合同中约定主要材料、工程设备价格变化的范围或幅度；当没有约定，且材料、工程设备单价变化超过5%时，超过部分的价格应按照本规范附录A的方法计算调整材料、工程设备费。

因此，合同约定不得采用"无限风险""所有风险"或类似语句规定风险内容及其范围

（幅度）。除专用合同条款另有约定外，市场价格波动超过合同当事人约定的范围，合同价格应当调整。

承包人应完全承担技术和管理风险，有限承担市场风险；发包人完全承担法律、法规、规章和政策变化的风险，适当承担市场风险。

《示范文本》专用条款中"11.1市场价格波动引起的调整"：

11.1市场价格波动引起的调整

第二种方式：采用造价信息进行价格调整。

（2）关于基准价格的约定：_____。

专用合同条款：①承包人在已标价工程量清单或预算书中载明的材料单价低于基准价格的：专用合同条款合同履行期间材料单价涨幅以基准价格为基础超过____%时，或材料单价跌幅以已标价工程量清单或预算书中载明材料单价为基础超过____%时，其超过部分据实调整。

② 承包人在已标价工程量清单或预算书中载明的材料单价高于基准价格的：专用合同条款合同履行期间材料单价跌幅以基准价格为基础超过____%时，材料单价涨幅以已标价工程量清单或预算书中载明材料单价为基础超过____%时，其超过部分据实调整。

③ 承包人在已标价工程量清单或预算书中载明的材料单价等于基准单价的：专用合同条款合同履行期间材料单价涨跌幅以基准单价为基础超过±____%时，其超过部分据实调整。

专用条款中"11.1市场价格波动引起的调整"约定实例如下：

物价波动引起的价格调整方法：采用造价信息调整价格差额。

监理人应按以下办法调整需要进行价格调整的材料单价：

① 施工期间，市场物价波动引起材料价格波动的风险幅度为5%，其中钢材、水泥、电线电缆、砂石、砖的风险幅度为3%。

② 具体调整方法按川建造价发〔2009〕75号文件规定的调整方法调整。

③ 与工程造价信息中材料名称、规格、型号、产地完全一致的装饰装修及安装材料价按施工当期信息价调整，否则，为不可调。

实际上，在专用合同中，可以选择两种价格调整方式：价格指数进行价格调整和造价信息进行价格调整。目前采用的多为后者，"11.1市场价格波动引起的调整"中节选的也是第二种方式。从约定实例可以分析出价格调整约定的材料报价风险。首先是风险幅度5%和3%的约定，并不是只要材料涨价，承包人就能得到调差；其次是调差范围的约定，必须"与工程造价信息中材料名称、规格、型号、产地完全一致"，才能调差，因此不是所有的涨价材料都能调差。

一般情况下，发包人都会在"11.1市场价格波动引起的调整"专用条款中进行相关约定，因此，承包人在投标报价时，根据上述风险幅度、调差方法和调差范围合理进行材料设备单价的报价。

4.4.4 基于BIM技术辅助确定合同价

随着我国建筑行业的快速发展，建设项目的规模日益增大。BIM技术的兴起是建筑行业的重大改革，使用BIM技术进行工程量计算及工程量清单编制，能提高效率，并且有助于后续项目实施中的工程造价管控工作。

1. BIM技术的概念

"十一五"期间开展了对BIM技术的研究，主要涉及"建筑业信息化标准体系及关键标准研究"与"基于 BIM 技术的下一代建筑工程应用软件研究"两个课题，为标准的引进转化建立了良好的工作基础。2016 年，住建部在《2016-2020 年建筑业信息化发展纲要》中提出，"十三五"时期，全面提高建筑业信息化水平，着力增强 BIM 等信息技术集成应用能力，初步建成一体化行业监管和服务平台，形成一批具有较强信息技术创新能力和信息化应用达到国际先进水平的建筑企业及具有关键自主知识产权的建筑业信息技术企业。

BIM（Building Information Modeling）即建筑信息模型，是通过数字信息仿真模拟建筑物所具有的真实信息。在这里，信息的内涵不仅是几何形状描述的视觉信息，还包含大量的非几何信息，如材料的耐火等级、材料的传热系数、构件的造价、采购信息等。实际上，BIM 就是通过数字化技术，在计算机中建立一座虚拟建筑，一个建筑信息模型就提供了一个单一的、完整一致的、具有逻辑性的建筑信息库。

2. BIM 技术在编制工程量清单中的作用

（1）快速、准确编制工程量清单

在发承包阶段，发包人可以利用 BIM 模型中的工程信息提取工程量，准确编制工程量清单。一方面，通过 BIM 软件，建立三维立体模型，快速统计工程量并对其进行分析，形成准确的工程量清单；另一方面，也可要求承包人建立模型并提交，同样可以达到发承包阶段通过准确算量控制造价的目的。

（2）缩短发承包复核时间

发包人把包含实际工程量数据的 BIM 模型以及其余文件提供给承包人，确保发包环节所提供的设计信息完整。承包人利用 BIM 信息，可对拟建工程的工程量和所涉及项目有充分的了解，不仅可以使报价环节用于计算和复核工程量的时间大幅缩短，还可以在项目实施过程中继续基于 BIM 技术进行数据共享，使发承包双方共同实时监控项目的进展。

3. BIM 技术在全过程工程造价管理的作用

（1）BIM 在决策阶段的作用

基于 BIM 技术辅助投资决策可以带来项目投资分析效率的极大提升。发包人在决策阶段可以根据不同的项目方案建立初步的建筑信息模型，BIM 数据模型的建立结合可视化技术、虚拟建造等功能，为项目的模拟决策提供了基础。根据 BIM 数据，可以调用与拟建项目相似工程的造价数据，高效、准确地估算出规划项目的总投资额，为投资决策提供准确依据。同时，将模型与财务分析工具集成，实时获取各项目方案的收益指标信息，提高决策阶段的项目预测水平，帮助发包人进行决策。BIM 技术在投资造价估算和投资方案选择方面大有作为。

（2）BIM 在设计阶段的作用

设计阶段包括初步设计、扩初设计和施工图设计几个阶段，相应涉及的造价文件是设计方案估算、设计概算和施工图预算。在设计阶段，通过 BIM 技术对设计方案优选或限额设计，设计模型的多专业一致性检查、设计概算、施工图预算的编制管理和审核环节的应用，实现对造价的有效控制。

（3）BIM 在发承包阶段的作用

我国建设项目已基本实现了工程量清单发承包模式，发包人可以利用 BIM 模型进行工程量自动计算、统计分析，形成准确的工程量清单，有利于招标控制造价的编制，提高发承包工作的效率和准确性，并为后续的工程造价管理和控制提供基础数据。

（4）BIM 在施工过程中的作用

BIM 在应用方面为建设项目各方提供了施工计划与造价控制的所有数据。项目各方人员在正式施工之前就可以通过 BIM 确定不同时间节点的施工进度与施工成本，可以直观地按月、按周、按日观看项目的具体实施情况，并得到该时间节点的造价数据，方便项目的实时修改调整，最大限度地体现造价控制的效果。

（5）BIM 在工程竣工结算中的作用

竣工阶段管理工作的主要内容是确定建设项目最终的实际造价，即竣工结算价格和竣工决算价格，编制竣工决算文件，办理项目的资产移交。这也是确定单项工程最终造价、考核承包人经济效益以及编制竣工决算的依据。基于 BIM 的结算管理不仅能提高工程量计算的效率和准确性，对于结算资料的完备性和规范性也具有很大的作用。在造价管理过程中，BIM 数据库不断修改、完善，模型相关的合同、设计变更、现场签证、计量支付、材料管理等信息也不断录入与更新，到竣工结算时，其信息量已完全可以表达工程实体。BIM 模型的准确性和过程记录的完备性有助于提高结算效率，同时，可以随时查看变更前后的模型，进行对比分析，避免结算时描述不清，从而加快结算和审核速度。

4.5 本章小结

建设项目发承包阶段，发包人与承包人均应本着公平、公正、诚实、信用的原则，通过签订合同来明确双方的权利和义务，而实现项目预期建设目标的核心内容是合同价款的约定。

本章在对建设项目发包方式和承包模式、发承包阶段工程造价管理的内容进行梳理的基础上，对合同体系、合同类型、合同签订三个发承包阶段造价管理关键点进行了详细介绍。

建设项目合同体系是一个非常重要的概念，它不仅反映了建设项目的工作任务范围和划分方式，也反映了项目的建设模式，同时决定了项目的组织形式。建设项目合同体系是项目管理过程和建设思路的体现。合同体系的完整性、合理性对实施阶段的造价控制影响很大。

不同的合同类型对应不同的合同价款风险，也就对应不同的造价管理方法和侧重点。

合同签订主要从单价合同的合同价、承包范围、风险范围和风险幅度三个与造价管理直接相关的约定进行阐述。另外，简单介绍了基于 BIM 技术辅助确定合同价。

第 **5** 章

施工阶段工程造价管理

105

5.1 概述

建设项目施工阶段是按照设计文件、图样等要求，具体组织施工建造的阶段，即把设计蓝图付诸实现的过程。建设项目施工阶段工程造价管理的目标，就是依据合同约定和相关法律法规，将工程造价控制在承发包合同价或施工图预算内（在规定的工期内完成合格建筑产品的交付）。由于涉及承发包合同，因此，在施工阶段，建设方即发包人（本章以发包人为统一称谓）。承包人通过施工生产活动完成建设项目产品的实物形态，建设项目投资的很大部分支出都花费在这个阶段。

由于建设项目施工是一个动态的过程，设计图、施工条件、市场价格等因素的变化都会影响工程的实际价格，因此施工阶段工程造价管理是全过程造价管理工作中比较烦琐、工作量比较大的一个环节。

5.1.1 建设项目施工阶段影响工程造价的因素

施工阶段的工程造价称为工程结算。建设工程价款结算，即工程结算，是发承包双方根据有关法律、法规规定和合同约定，对合同工程实施中、终止时、已完工后的工程项目进行的合同价款计算、调整和确认。过程结算分为期中结算、终止结算和竣工结算。

竣工结算是在承包人完成施工合同约定的全部工程内容，发包人依法组织竣工验收合格后，由发承包双方按照合同约定的工程造价条款，即已签约合同价、合同价款调整（包括工程变更、索赔和现场签证）等事项确定的最终工程造价。

发承包阶段的签约合同价不一定是施工阶段的工程造价。签约合同价是在工程发承包交易过程中，由发承包双方以合同形式确定的工程承包价格。合同价款调整是指施工过程中出现合同约定的价款调整事项，发承包双方提出和确认的行为。合同价款调整可以理解为施工过程中的变化所导致的利益重新分配。在施工过程中出现合同约定的合同价款调整因素时，发承包双方应根据合同约定对合同价款进行调整。因此，施工阶段影响工程造价的因素即为工程价款调整的影响因素。

引起合同价款调整的因素很多，《计价规范》中规定了 15 项合同价款调整因素：①法律法规变化引起的合同价款调整；②工程变更引起的合同价款调整；③项目特征不符引起的合同价款调整；④工程量清单缺项引起的合同价款调整；⑤工程量偏差引起的合同价款调整；⑥计日工引起的合同价款调整；⑦物价变化引起的合同价款调整；⑧暂估价引起的合同价款调整；⑨不可抗力引起的合同价款调整；⑩提前竣工（赶工补偿）引起的合同价款调整；⑪误期赔偿引起的合同价款调整；⑫索赔引起的合同价款调整；⑬现场签证引起的合同价款调整；⑭暂列金额引起的合同价款调整；⑮其他因素引起的合同调整。

《计价规范》将上述 15 项合同价款调整因素分为了五大类：一是法规变化类（因素①）；二是工程变更类（因素②③④⑤⑥）；三是物价变化类（因素⑦⑧）；四是工程索赔类（因素⑨⑩⑪⑫）；五是其他类（因素⑬⑭⑮），其中因素⑬根据签证内容，有的可归于工程变更类，有的可归于索赔类，有的可能不涉及合同价款调整。

5.1.2 建设项目施工阶段工程造价管理的工作内容

1. 工程造价的确定

建设项目施工阶段工程造价的确定，就是在工程施工阶段按照承包人实际完成的工程量，以合同价为基础，同时考虑因物价上涨因素引起的价款调整，考虑到设计中难以预计而在施工阶段实际发生的工程变更以及索赔费用等，合理确定工程价款。工程造价的确定难点就在于合同价款调整的确定。

2. 工程造价的管理

建设项目施工阶段工程造价的管理是建设项目全过程造价管理中不可缺少的重要一环。在这一阶段应努力做好以下工作：严格按照规定和合同约定拨付工程进度款，严格管理工程变更，及时处理施工索赔工作，加强价格信息管理，了解市场价格变动等。

建设项目施工阶段工程造价的确定与控制是全过程工程造价管理的核心内容，通过决策阶段、设计阶段和招投标阶段对工程造价的管理工作，使工程建设规划在达到预先功能要求的前提下，其投资预算额也达到最优程度。这个最优程度的预算额能否变成现实，就要看工程建设施工阶段造价的管理工作做得好坏。做好该项管理工作，就能有效地利用投入建设项目的人力、物力、财力，以尽可能少的劳动和物资消耗取得较高的经济和社会效益。

5.1.3 施工阶段工程造价管理的措施

施工阶段是实现建设项目价值的主要阶段，也是资金投入量最大的阶段。在这一阶段需要投入大量的人力、物力、资金等，是建设项目费用消耗最多的阶段。发包人作为全过程造价管理的主体，应从组织、经济、技术和合同等多个方面采取措施管理投资。

1. 组织措施

1）在项目管理班子中落实从工程造价管理角度进行施工跟踪的人员分工、任务分工和职能分工。

2）编制本阶段工程造价管理的工作计划和详细的工作流程图。

2. 经济措施

1）编制资金使用计划，确定、分解工程造价管理目标，对工程施工过程中的造价支出做好分析与预测。

2）对建设项目造价管理目标进行风险分析，并制定防范性对策。

3）进行工程计量。

4）复核工程付款账单，签发付款证书。

5）在施工过程中进行工程造价跟踪管理，定期进行造价实际支出值与计划目标值的比较，发现偏差，分析产生偏差的原因，及时采取纠偏措施。

6）协商确定工程变更的价款。

7）审核竣工结算。

3. 技术措施

1）对设计变更进行技术经济比较，严格管理设计变更。

2）审核承包人编制的施工组织设计，对主要施工方案进行技术经济分析。

4. 合同措施

1）做好工程施工跟踪，保存各种文件图样，特别是有实际施工变更的图样，注意积累素材，正确处理索赔。

2）涉及补充协议签订的相关工作时，考虑其对造价管理的影响。

5.2 施工阶段工程造价管理关键点一——合同价款的调整

5.2.1 法规变化类引起的合同价款调整

法规变化属于政策性变化，属于发包人完全承担的风险，因此在合同签订时，应事前约定风险分担原则，详细规定法律法规的范围、基准日期、价款调整方法等。政策性变化发生后，应按照事前约定的风险分担原则确定价款调整数额，如在施工期内出现多次政策性调整现象，最终的价款调整数额应依据调整时间分阶段计算。

1. 法律法规的范围

合同中所称法律法规包括法律、行政法规、部门规章，以及工程所在地的地方法规、自治条例和地方政府规章等。

此外，《计价规范》规定的法律法规还包括政策，即省级或行业建设主管部门或其授权的工程造价管理机构发布的规定，如材料信息价或人工调差文件等。因国家法律、法规、规章和政策发生变化影响合同价款的风险，发承包双方应在合同中约定由发包人承担。

2. 基准日的确定

法律法规的变化属于发包人承担的风险，但并不是说任何时候发生法律法规的变化均会调整合同价款，是否调整还要根据风险划分界限来判断。风险划分是以基准日为界限的，如图5-1所示。

对于实行招标的建设工程，一般以施工招标文件中规定的提交投标文件截止日前的第28天作为基准日；对于不实行招标的建设工程，一般以建设工程施工合同签订前的第28天作为基准日。

施工合同履行期间，国家颁布的法律、法规、规章和政策在合同工程基准日之后发生变化，且因执行相应的法律、法规、规章和政策引起工程造价发生增减变化的，发承包双方应当按照省级或行业建设主管部门或其授权的工程造价管理机构据此发布的规定调整合同价款。

如果由于承包人的原因导致工期延误，在工期延误期间国家的法律、法规、规章和政策发生变化引起工程造价变化的，造成合同价款增加的，合同价款不予调整；造成合同价款减少的，合同价款予以调整。

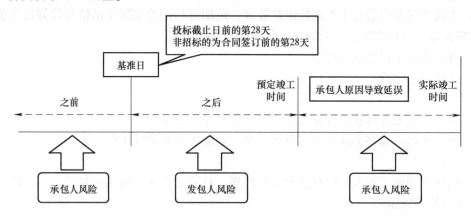

图 5-1　法律法规变化类风险分担示意

【实例分析 5-1】　法律法规变化风险

某工程项目施工合同约定竣工时间为 2016 年 12 月 30 日，因承包人施工质量不合格返工导致总工期延误了 2 个月；2017 年 1 月，项目所在地政府出台了新政策，直接导致承包人计入总造价的税金增加了 20 万元。因承包人原因造成工期延误，在工期延误期间出现法律变化的，由此增加的费用和（或）延误的工期由承包人承担。

某工程项目施工合同约定竣工日期为 2018 年 6 月 30 日，在施工中因天气持续下雨导致甲供材料未能及时到货，使工程延误至 2018 年 7 月 30 日竣工；但由于 2018 年 7 月 1 日起当地计价政策调整，导致承包人额外支付了 300 万元工人工资。由于甲供材料未能及时到货导致工期延误，属于发包人原因引起的工期延误，在工期延误期间出现法律变化的，由此增加的费用（300 万元）和（或）工期由发包人承担。

5.2.2　工程变更类引起的合同价款调整

1. 工程变更

工程变更是指合同实施过程中由发包人提出或由承包人提出，经发包人批准的对合同工程的工作内容、工程数量、质量要求、施工顺序与时间、施工条件、施工工艺或其他特征及合同条件等的改变。

（1）工程变更的范围

《建设工程施工合同（示范文本）》（GF—2017—0201）（简称《示范文本》）通用条款 10.1 变更的范围约定如下：

1）增加或减少合同中任何工作，或追加额外的工作。

2）取消合同中任何工作，但转由他人实施的工作除外。

3）改变合同中任何工作的质量标准或其他特性。

4）改变合同工程的基线、标高、位置和尺寸。

5）改变工程的时间安排或实施顺序。

《计价规范》界定的工程变更范围如下：

合同工程实施过程中，由发包人提出或由承包人提出的经发包人批准的合同工程任何一项工作的增、减、取消或施工工艺、顺序、时间的改变；设计图的修改；施工条件的改变；招标工程量清单的错、漏从而引起合同条件的改变或工程量的增减变化。

（2）工程变更引起的分部分项合同价款的调整

工程变更对应的分部分项工程的工程量按实计算。分部分项工程的综合单价的确定应按下列原则予以确定：

1）已标价工程量清单中有适用于变更工程项目的，且工程变更导致的该清单项目的工程数量变化不足15%时，采用该项目的单价。

2）已标价工程量清单中没有适用但有类似变更工程项目的，可在合理范围内参照类似项目的单价或总价调整。

3）已标价工程量清单中没有适用也没有类似变更工程项目的，由承包人根据变更工程资料、计量规则和计价办法、工程造价管理机构发布的信息价格和承包人报价浮动率提出变更工程项目的单价，报发包人确认后调整。承包人报价浮动率可按下列公式计算。

招标工程：

$$承包人报价浮动率 L = (1 - 中标价/招标控制价) \times 100\% \tag{5-1}$$

非招标工程：

$$承包人报价浮动率 L = (1 - 报价值/施工图预算) \times 100\% \tag{5-2}$$

上述工程变更引起的分部分项工程综合单价的确定简称为“变更估价三原则”。

【实例分析5-2】　变更估价三原则

某市政工程工程量清单中，砾石混凝土路面，原设计厚20cm，现设计变更为22cm。对于砾石混凝土路面厚度变化的设计变更，变更前后的施工图是有改变的，但是施工方法、材料、施工条件不变；组价参考的计价定额为同一系列，如图5-2所示。

2. 砾石混凝土路面、碎石混凝土路面、商品混凝土路面
- DB0160 砾石混凝土路面δs4.5（C30）设计厚度（cm）20
- DB0161 砾石混凝土路面δs4.5（C30）设计厚度（cm）每增减1
- DB0162 碎石混凝土路面δs4.5（C30）设计厚度（cm）20
- DB0163 碎石混凝土路面δs4.5（C30）设计厚度（cm）每增减1
- DB0164 商品混凝土路面（C30）设计厚度（cm）20
- DB0165 商品混凝土路面（C30）设计厚度（cm）每增减1

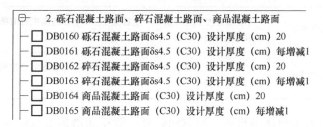

图5-2　砾石混凝土路面厚度变化的系列计价定额

某建设施工过程中，结构所使用的混凝土强度等级发生改变，由原来的C15变成C20。对于混凝土强度等级变化的设计变更，变更前后的施工图是有改变的，材质也有改变，但是人工、材料、机械消耗量不变，施工方法、施工条件不变；组价参考的计价定额为同一系列，如图5-3所示。

AE0001	基础混凝土垫层（中砂）C10
AE0002	基础混凝土垫层（中砂）C15
AE0003	基础混凝土垫层（中砂）C20
AE0004	基础混凝土垫层（特细砂）C10
AE0005	基础混凝土垫层（特细砂）C15
AE0006	基础混凝土垫层（特细砂）C20

图5-3　混凝土强度等级变化的系列计价定额（部分节选）

上述两种情况下的设计变更的分部分项工程综合单价均可采用“变更估价三原则”中的“已标价工程量清单中没有适用但有类似变更工程项目的，可在合

理范围内参照类似项目的单价或总价调整"予以确定。

【实例分析 5-3】 报价浮动率

某工程招标控制价为 8413949 元，中标人的投标报价为 7972282 元。施工过程中，屋面防水采用 PE 高分子防水卷材（1.5mm），清单项目中无类似项目，如何确定该项目的综合单价？

报价浮动率 $L=$（$1-7972282$ 元 $\div 8413949$ 元）$\times 100\%=$（$1-0.9475$）$\times 100\%=5.25\%$

依据工程所在地计价定额及人工材料价格确定 PE 高分子防水卷材（1.5mm）综合单价为 22.32 元/m^2。

此工程变更的综合单价 $=22.32$ 元/$m^2\times$（$1-5.25\%$）$=21.15$ 元/m^2

（3）工程变更引起的措施项目合同价款的调整

工程变更引起措施项目发生变化的，承包人提出调整措施项目费的，应事先将拟实施的方案提交发包人确认，并详细说明与原方案措施项目相比的变化情况。应按照下列规定调整措施项目费：

1）安全文明施工费，按照实际发生变化的措施项目的计算基础（如分部分项定额人工费+单价措施项目定额人工费，见表 5-1）予以调整。安全文明施工费费率按合同约定及《计价规范》的规定执行，不得浮动。

表 5-1 安全文明施工费计算基础

011707001001	安全文明施工	计算公式	费率（%）
①	环境保护	（分部分项工程量清单．定额人工费+单价措施项目清单．定额人工费）×费率	1.54
②	文明施工	（分部分项工程量清单．定额人工费+单价措施项目清单．定额人工费）×费率	6.52
③	安全施工	（分部分项工程量清单．定额人工费+单价措施项目清单．定额人工费）×费率	11.36
④	临时设施	（分部分项工程量清单．定额人工费+单价措施项目清单．定额人工费）×费率	8.58

2）采用单价计算的措施项目费，按照实际发生变化的措施项目按前述分部分项工程费的调整方法（"变更估价三原则"）确定单价。

3）按总价（或系数）计算的措施项目费，除安全文明施工费外，按照实际发生变化的措施项目调整，但应考虑承包人报价浮动因素，即调整金额按照实际调整金额乘以承包人报价浮动率（L）计算。

如果承包人未事先将拟实施的方案提交给发包人确认，则视为工程变更不引起措施项目费的调整或承包人放弃调整措施项目费的权利。

（4）工程变更引起的其他项目合同价款及规费、税金的调整

1）其他项目。具体包括以下项目：

①暂列金。工程变更对分部分项工程及措施项目的费用调整，在施工阶段，会以现场签证的形式进入工程进度款支付。暂列金额虽然列入合同价款，但并不属于承包人所有，也

不必然发生，只有按照合同约定实际发生（如工程变更）后，才能成为承包人的应得金额，纳入工程合同结算价款中。

② 计日工。若发包人通知承包人以计日工方式实施变更工程（多为零星工作），则该变更工程根据核实的工程数量和承包人已标价工程量清单中的计日工单价计算应付价款。已标价工程量清单中没有该类计日工单价的，由发承包双方按工程变更的有关规定商定计日工单价计算。

③ 暂估价。无论是材料和工程设备暂估价还是专业工程暂估价，当确定了实际价格并经发包人确认后，以此为依据取代暂估价，调整合同价款。若工程变更涉及暂估价，暂估价的结算性质不变。

④ 总承包服务费。投标时，投标人依据总承包服务的工作范围进行费率及金额的自主报价。若工程变更涉及总承包服务的工作内容，需要发承包双方协商确定工程款的调整。

2）规费、税金。规费的计算基础是"定额人工费"；税金的计算基础是"分部分项工程费+措施项目费+其他项目费+规费+创优质工程奖补偿奖励费–按规定不计税的工程设备金额–除税甲供材料（设备）费"。工程变更引起的计算基础的变化会产生规费和税金的调整（费率按《计价规范》的规定执行）。规费、税金的计算示例见表 5-2。

表 5-2　规费、税金的计算示例

4 规费	D.1+D.2+D.3		7016.38
1 社会保险费	D.1.1+D.1.2+D.1.3+D.1.4+D.1.5		5472.78
（1）养老保险费	（分部分项定额人工费+单价措施项目定额人工费）×费率	7.5%	3508.19
（2）失业保险费	（分部分项定额人工费+单价措施项目定额人工费）×费率	0.6%	280.66
（3）医疗保险费	（分部分项定额人工费+单价措施项目定额人工费）×费率	2.7%	1262.95
（4）工伤保险费	（分部分项定额人工费+单价措施项目定额人工费）×费率	0.7%	327.43
（5）生育保险费	（分部分项定额人工费+单价措施项目定额人工费）×费率	0.2%	93.55
2 住房公积金	（分部分项定额人工费+单价措施项目定额人工费）×费率	3.3%	1543.60
3 工程排污费			
5 创优质工程奖补偿奖励费	（A+B+C+D）×费率		
6 税前工程造价	A+B+C+D+E		461645.32
6.1 其中：甲供材料（设备）费	甲供材料费		
7 销项增值税额	（F-F.1-不计税设备金额）×费率	9%	41548.08

2. 项目特征描述不符

项目特征描述是确定综合单价的重要依据之一，是构成清单项目价值的本质特征，单价的高低与其具有必然联系。因此，发包人在招标工程量清单中对项目特征的描述，应被认为是准确的和全面的，并且与实际施工要求相符合，否则，承包人无法报价。

承包人在投标报价时应依据发包人提供的招标工程量清单中的项目特征描述，确定其清单项目的综合单价。承包人应按照发包人提供的招标工程量清单，根据其项目特征描述的内容及有关要求实施合同工程，直到其发生改变为止。

承包人应按照发包人提供的设计图实施合同工程，若在合同履行期间，出现设计图（含设计变更）与招标工程量清单任一项目的特征描述不符，且该变化引起该项目的工程造价增减变化的，发承包双方应当按照实际施工的项目特征，依据工程变更的"变更估价三原则"，重新确定相应工程量清单项目的综合单价，调整合同价款。

【实例分析 5-4】 高架地板的合同价款调整

某工业厂房建设项目，施工单位根据施工经验判断高架地板应该开孔（大型设备散热需求），但设计图中却没有相关设计或说明。因此，在图样会审时提出了"设计图中无高架地板的开孔率及开孔位置"的问题。

设计单位确认了设计图未设计开孔率及开孔位置，并解释了原因：工艺设备未定位，故无法确定开孔率及开孔位置。

随着项目实施，设计单位补充了高架地板的开孔设计：

1) 开孔率 25%，满布率 50%：洁净走廊。

2) 开孔率 25%，满布率 100%：其余净化房间。

3) 开孔率 25%，满布率 100%：有微振要求的非净化房间。

为此，施工单位提出了"高架地板设计新增开孔率 25% 的综合单价重新认价"的诉求。

此补充设计实际就是工程变更，造成了防静电活动地板的实际施工与项目特征描述（见表 5-3）不符。设计新增开孔率，综合单价应进行调整。调整的方法为：仅对综合单价中的该项材料费进行价差（开孔地板与不开孔地板的价差）调整，材料的消耗量按投标人单价分析表中的耗量为准。

表 5-3 分部分项工程和单价措施项目清单与计价表（防静电活动地板）

序号	项目编码	项目名称	项目特征	计量单位	工程量	金额（元）		
						综合单价	合价	其中
								暂估价
1	011104004001	防静电活动地板	1. 基层处理 2. 防静电接地金属网详设计 3. 1mm 环氧涂料面层 4. 800mm 高铸铝防静电架空活动地板，PVC 保护面层（600×600） 5. 其他：应满足设计、相关规范及技术要求	m²	245			

【实例分析 5-5】 吊顶板的合同价款调整

某工业厂房建设项目工程量清单，金属壁板吊顶的项目特征（见表 5-4）描述中，面层材料品种、规格为 2400mm×1200mm×50mm（其中金属板厚 0.5mm）金属岩棉夹芯壁板。施工图的装修构造表中，金属板厚度为 0.6mm。因此，在图样会审中施工单位进行了金属板厚度的确认。清单编制单位予以明确：0.5mm "属于笔误"。

表 5-4　分部分项工程和单价措施项目清单与计价表（金属壁板吊顶）

序号	项目编码	项目名称	项目特征	计量单位	工程量	金额（元）		
						综合单价	合价	其中
								暂估价
1	011302001002	金属壁板吊顶	1. 吊顶形式：暗架上人吊顶 2. 龙骨材料种类、规格、中距：M10 全牙螺杆钉入钢筋混凝土楼板与 M10 膨胀螺栓连接（钢筋混凝土楼板），方形调节器用 M10 法兰螺母与 M10 全牙螺杆连接，上层承载主龙骨与方形调节器用 T 形调节螺母连接，间距 600mm 3. 基层材料种类、规格：灰白色金属岩棉吊顶板中置铝料与配套专用下层次龙骨用 L 铁固定，与安装型式配套的专用上层主龙骨连接，间距 600mm 4. 面层材料品种、规格：2400mm × 1200mm × 50mm（其中金属板厚 0.5mm）金属岩棉夹芯壁板，罩面板的紧固件为镀锌金属件 5. 部位：走道上方的吊顶（上层吊顶） 6. 其他：应满足设计相关规范及技术要求	m²	8638.89			

为此，施工单位提出了 "吊顶板招标清单描述与施工图不符，需要重新对吊顶板进行认价" 的诉求。

此实例属于典型的项目特征描述不符导致的工程变更类合同价款调整，需要调整综合单价。由于金属壁板吊顶中只是金属板厚度描述错误，其他材料参数均未改变，只需进行金属板由 0.5mm 厚替换为 0.6mm 厚的价差调整。由于吊顶的工程量较大，此项价款调整的最终金额为 11 万元。可见，项目特征描述的准确性对造价的影响不容忽视。

113

3. 工程量清单缺项

导致工程量清单缺项的原因：一是设计变更；二是施工条件改变；三是工程量清单编制错误。实践中，工程量清单缺项具体表现为：

1）若施工图表达的工程内容，在现行国家计量规范的附录中有相应的"项目编码"和"项目名称"，但清单并没有反映，则应当属于清单缺项。

2）若施工图表达的工程内容，虽然在现行国家计量规范附录及清单中均没有反映，但理应由清单编制者进行补充的清单项目，也属于清单缺项。

3）若施工图表达的工程内容，虽然在现行国家计量规范附录的"项目名称"中没有反映，但在招标工程量清单项目已经列出的某个"项目特征"中有所反映，则不属于清单缺项，而应当作为主体项目的附属项目，并入综合单价计价。

由于发包人应对招标文件中工程量清单的准确性和完整性负责，故工程量清单缺项导致的合同价款增减属于发包人应承担的风险。

合同履行期间，由于招标工程量清单中分部分项工程出现缺项，新增分部分项工程清单项目的，应按照工程变更的"变更估价三原则"确定分部分项工程的综合单价，调整合同价款。

由于新增分部分项工程量清单后引起措施项目发生变化的，应当按照工程变更中关于措施项目费的调整方法，在承包人提交的实施方案被发包人批准后，调整合同价款。

由于招标工程量清单中措施项目缺项，承包人应将新增措施项目实施方案提交发包人批准后，调整合同价款，方法同上。

4. 工程量偏差

施工过程中，施工条件、地质水文、工程变更等的变化以及招标工程量清单编制者专业水平的差异，往往会造成实际工程量与招标工程量清单出现偏差。工程量偏差过大，会对综合成本的分摊带来影响。如果突然增加太多，仍按原综合单价计价，对发包人不公平；如果突然减少太多，仍按原综合单价计价，对承包人不公平。并且，这给有经验的承包人进行不平衡报价提供了机会。因此，为维护合同的公平，偏差达到一定程度，是否调整综合单价以及如何调整，发承包双方应当在施工合同中予以约定。如果合同中没有约定或约定不明，可以按以下原则办理：

1）当应予计算的实际工程量与招标工程量清单出现偏差（包括因工程变更等原因导致的工程量偏差）超过15%时，增加部分的工程量的综合单价应予调低。

当 $Q_1 > 1.15 Q_0$ 时：

$$S = 1.15 Q_0 P_0 + (Q_1 - 1.15 Q_0) P_1 \tag{5-3}$$

2）当工程量减少15%以上时，减少后剩余部分的工程量的综合单价应予调高。

当 $Q_1 < 0.85 Q_0$ 时：

$$S = Q_1 P_1 \tag{5-4}$$

式中　S——调整后的某一分部分项工程费结算价；

　　　Q_1——最终完成的工程量；

　　　Q_0——招标工程量清单中列出的工程量；

　　　P_1——按照最终完成工程量重新调整后的综合单价；

P_0——承包人在工程量清单中填报的综合单价。

如果工程量变化引起相关措施项目相应发生变化，如按系数或单一总价方式计价的，工程量增加的措施项目费调增，工程量减少的措施项目费调减。

【**实例分析5-6**】 工程量偏差引起的合同价款调整

某合同对工程量偏差的约定为：因实际工程量与招标工程量清单出现偏差以及工程变更等原因导致的工程量偏差超过15%时，可进行调整。当工程量增加15%以上时，增加部分的工程量的综合单价调低5%；当工程量减少15%以上时，减少后剩余部分的工程量的综合单价调高5%。

表5-5为该项目的2个工程量偏差超过15%的分部分项工程量清单的结算表。

表5-5 工程量偏差超过15%的分部分项工程量清单的结算表

序号	项目编码	项目名称	计量单位	清单量	结算量	增减幅度	合同单价（元/m²）	结算总金额（元）
1	010607005001	砌块墙钢丝网加固	m²	2643.39	3681.61	39.28%	14.85	54195.44
2	010801004001	甲级木质防火门	m²	19.14	14.96	−21.84%	349.24	5485.86

（1）砌块墙钢丝网加固

结算金额 $= 2643.39m^2 \times 1.15 \times 14.85$ 元$/m^2 +$ （$3681.61m^2 - 2643.39m^2 \times 1.15$）$\times 14.85$ 元$/m^2 \times 0.95 = 54195.44$ 元

合同金额 $= 2643.39m^2 \times 14.85$ 元$/m^2 = 39254.34$ 元

合同价款调整额 $= 54195.44$ 元 $- 39254.34$ 元 $= 14941.10$ 元

（2）甲级木质防火门

结算金额 $= 14.96m^2 \times 349.24$ 元$/m^2 \times 1.05 = 5485.86$ 元

合同金额 $= 19.14m^2 \times 349.24$ 元$/m^2 = 6684.45$ 元

合同价款调整额 $= 5485.86$ 元 $- 6684.45$ 元 $= -1198.59$ 元

5. 计日工

发包人通知承包人以计日工方式实施的零星工作（合同工程外的零星工作、零星项目采用计日工方式进行价款结算较为方便），在该项工作的实施过程中，承包人应按合同约定提交以下报表和有关凭证送发包人复核：

1）工作名称、内容和数量。

2）投入该工作的所有人员的姓名、工种、级别和耗用工时。

3）投入该工作的材料名称、类别和数量。

4）投入该工作的施工设备型号、台数和耗用台时。

5）发包人要求提交的其他资料和凭证。

任一计日工项目持续进行时，承包人应在该项工作实施结束后的24小时内向发包人提交有计日工记录汇总的现场签证报告，一式三份。发包人在收到承包人提交现场签证报告后的2天内予以确认，并将其中一份返还给承包人，作为计日工计价和支付的依据；发包人逾期未确认也未提出修改意见的，应视为承包人提交的现场签证报告已被发包人认可。

任一计日工项目实施结束后，承包人应按照确认的计日工现场签证报告核实该类项目的工程数量，并应根据核实的工程数量和承包人已标价工程量清单中的计日工单价计算，提出应付价款；已标价工程量清单中没有该类计日工单价的，由发承包双方商定计日工单价计算。

每个支付期末，承包人应与进度款同期向发包人提交本期间所有计日工记录的签证汇总表，并说明本期间自己认为有权得到的计日工金额调整合同价款，列入进度款支付。

5.2.3 物价变化类引起的合同价款调整

1. 物价波动

物价变化引起的合同价款调整可以看作是发承包双方的一种博弈。发包人通常倾向于不调价，因为允许调价增大了发包人承担的风险，增加了不确定性。而承包人则希望调价，以保障自身利益不受损害，甚至在物价波动引起的合同价款调整中实现盈利。这时，发承包双方就进入了一种僵持状态，博弈加剧，需要寻找一个双方都可以接受的均衡点。这个均衡点就是双方约定一个涨跌幅度，幅度以内不调价，由承包人承担风险；幅度以外予以调价，由发包人承担风险。

合同中需要约定主要材料、工程设备价格变化的范围或幅度；当没有约定且材料、工程设备单价变化超过5%时，超过部分的价格会引起合同价款的调整。《计价规范》规定了两种调差方法：

（1）价格指数调整价格差额法

因人工、材料、工程设备和施工机械台班等价格波动影响合同价款时，根据发包人提供的"承包人提供主要材料和工程设备一览表（适用于价格指数差额调整法）"以及承包人在投标函附录中约定的价格指数和权重数据，按下列公式计算差额并调整合同价款：

$$\Delta P = P_0\left[A + \left(B_1\frac{F_{t_1}}{F_{01}} + B_2\frac{F_{t_2}}{F_{02}} + B_3\frac{F_{t_3}}{F_{03}} + \cdots + B_n\frac{F_{t_n}}{F_{0n}}\right) - 1\right] \tag{5-5}$$

式中　　　　　ΔP——需调整的价格差额；

　　　　　　　P_0——约定的付款证书中承包人应得到的已完成工程量的金额。此项金额应不包括价格调整、不计质量保证金的扣留和支付、预付款的支付和扣回，约定的变更及其他金额已按现行价格计价的，也不计在内；

　　　　　　　A——定值权重（即不调部分的权重）；

　　$B_1, B_2, B_3, \cdots, B_n$——各可调因子的变值权重（即可调部分的权重），指各可调因子在投标函投标总报价中所占的比例；

　　$F_{t_1}, F_{t_2}, F_{t_3}, \cdots, F_{t_n}$——各可调因子的现行价格指数，指约定的付款证书相关周期最后一天的前42天的各可调因子的价格指数；

　　$F_{01}, F_{02}, F_{03}, \cdots, F_{0n}$——各可调因子的基本价格指数，指基准日的各可调因子的价格指数。

以上价格调整公式中的各可调因子、定值和变值权重以及基本价格指数及其来源，在投标函附录价格指数和权重表中约定。价格指数应首先采用工程造价管理机构提供的价格指数，缺乏上述价格指数时，可采用工程造价管理机构提供的价格代替。

在计算调整差额时得不到现行价格指数的，可暂用上一次价格指数计算，并在以后的付款中再按实际价格指数进行调整。

按变更范围和内容所约定的变更导致原定合同中的权重不合理时，由承包人和发包人协商后进行调整。

由于发包人原因导致工期延误的，则对于原约定竣工日期后继续施工的工程，在使用价格调整公式时，应采用原约定竣工日期与实际竣工日期两个价格指数中的较高者作为现行价格指数。

由于承包人原因导致工期延误的，则对于原约定竣工日期后继续施工的工程，在使用价格调整公式时，应采用原约定竣工日期与实际竣工日期两个价格指数中的较低者作为现行价格指数。

【实例分析 5-7】　价格指数调整价格差额法

某工程合同金额 500 万元，根据承包合同，采用调值公式调值，调价因素为 A、B、C 三项，其在合同中的比率分别为 20%、10%、25%，这三种因素基期的价格指数分别为 105、102、110，结算期的价格指数分别为 107、106、115，调值后的合同价款为多少？

$$500 \text{ 万元} \times \left(45\% + 20\% \times \frac{107}{105} + 10\% \times \frac{106}{102} + 25\% \times \frac{115}{110}\right) = 509.54 \text{ 万元}$$

调值后的合同价款为 509.54 万元，比原合同金额多 9.54 万元。

【实例分析 5-8】　价格指数调整价格差额法

某土建工程，合同规定结算款 100 万元，合同原始报价日期为 2008 年 3 月，工程于 2009 年 5 月建成交付使用，工程人工费、材料费构成比例以及有关造价指数见表 5-6，计算实际结算款。

表 5-6　人工费、材料费构成比例以及有关造价指数

项　目	人工费	钢材	水泥	集料	红砖	砂	木材	不调值费用
比率（%）	45	11	11	5	6	3	4	15
2008 年 3 月指数	100.0	100.08	102.0	93.6	100.2	95.4	93.4	
2009 年 5 月指数	110.1	98.0	112.9	95.9	98.9	91.1	117.9	

$$\text{实际结算款价款} = 100 \text{ 万元} \times \left(0.15 + 0.45 \times \frac{110.1}{100.0} + 0.11 \times \frac{98}{100.08} + 0.11 \times \frac{112.9}{102.0} + 0.05 \times\right.$$

$$\left.\frac{95.9}{93.6} + 0.06 \times \frac{98.9}{100.2} + 0.03 \times \frac{91.1}{95.4} + 0.04 \times \frac{117.9}{93.4}\right) = 100 \text{ 万元} \times 1.064 = 106.4 \text{ 万元}$$

（2）造价信息调整价格差额法

1）人工单价的调整。合同履行期间，因人工、材料、工程设备和施工机械台班价格波

动影响合同价格时，人工、施工机械使用费按照国家或省、自治区、直辖市建设行政管理部门、行业建设管理部门或其授权的工程造价管理机构发布的人工成本信息、施工机械台班单价或机械使用费系数进行调整。

【实例分析5-9】 人工调差

某项目的部分人工调差（2016年）数据见表5-7。结算的每个月都应该根据当月产值进行人工调差。

例如，2016年1月，培训楼建筑部分的产值对应的人工费为258720.00元。投标时的建筑人工调差系数为22%，而2016年1月的实际建筑人工调差系数为24%。

2016年1月建筑人工费调整=258720.00元×（24%-22%）=5174.40元

表5-7 人工调差数据

时间	培 训 楼						总 平					
	建筑人工费（元）	建筑人工调差系数（%）	人工费调整（元）	安装人工费（元）	安装人工调差系数（%）	人工费调整（元）	建筑人工费（元）	建筑人工调差系数（%）	人工费调整（元）	安装人工费（元）	安装人工调差系数（%）	人工费调整（元）
2016年1月	258720.00	24	5174.40	—	29	—	131200.00	24	2624.00	—	29	—
2016年2月	460992.31	24	9219.85	—	29	—	165789.23	24	3315.78	—	29	—
2016年3月	430291.54	24	8605.83	—	29	—	—	24		—	29	—
2016年4月	484866.92	24	9697.34	—	29	—	—	24		—	29	—
2016年5月	345777.69	24	6915.55	—	29	—	—	24		—	29	—
2016年6月	600391.54	24	12007.83	—	29	—	—	24		—	29	—
2016年7月	841321.54	24	16826.43	79460.77	29	1589.22	—	24		—	29	—
2016年8月	389936.15	24	7798.72	31235.38	29	624.71	—	24		—	29	—
2016年9月	267681.54	24	5353.63	—	29	—	—	24		—	29	—
2016年10月	292195.38	24	5843.91	94319.23	29	1886.38	—	24		—	29	—
2016年11月	270288.46	24	5405.77	—	29	—	—	24		—	29	—
2016年12月	178531.54	24	3570.63	—	29	—	—	24		—	29	—

2）材料和工程设备价格的调整。材料、工程设备价格变化的价款调整，按照承包人提供主要材料和工程设备一览表（适用于价格指数差额调整法），根据发承包双方约定的风险范围，按以下规定进行调整。

如果承包人投标报价中材料单价低于基准单价，施工期间材料单价涨幅以基准单价为基础超过合同约定的风险幅度值，或材料单价跌幅以投标报价为基础超过合同约定的风险幅度值时，其超过部分按实调整。

如果承包人投标报价中材料单价高于基准单价，施工期间材料单价跌幅以基准单价为基础超过合同约定的风险幅度值，或材料单价涨幅以投标报价为基础超过合同约定的风险幅度值时，其超过部分按实调整。

如果承包人投标报价中材料单价等于基准单价，施工期间材料单价涨、跌幅以基准单价为基础超过合同约定的风险幅度值时，其超过部分按实调整。

施工机械台班单价的调整：施工机械台班单价或施工机具使用费发生变化超过省级或行业建设主管部门或其授权的工程造价管理机构规定的范围时，按照其规定调整合同价款。

【实例分析 5-10】 材料调差

某施工合同关于材料调差条款的约定如下：

专用合同条款：①承包人在已标价工程量清单或预算书中载明的材料单价低于基准价格的：专用合同条款合同履行期间材料单价涨幅以基准价格为基础超过 __5__ %时，或材料单价跌幅以已标价工程量清单或预算书中载明材料单价为基础超过 __5__ %时，其超过部分据实调整。

② 承包人在已标价工程量清单或预算书中载明的材料单价高于基准价格的：专用合同条款合同履行期间材料单价跌幅以基准价格为基础超过 __5__ %时，材料单价涨幅以已标价工程量清单或预算书中载明材料单价为基础超过 __5__ %时，其超过部分据实调整。

③ 承包人在已标价工程量清单或预算书中载明的材料单价等于基准价的：专用合同条款合同履行期间材料单价涨跌幅以基准单价为基础超过± __5__ %时，其超过部分据实调整。

商品混凝土由承包人提供。施工期间，在采购商品混凝土时，其单价分别为 C20：367 元/m³，C30：385 元/m³；C40：415 元/m³。结算时，按照合同约定，调整商品混凝土的材料单价见表 5-8。

表 5-8 材料调差表

序号	名称、规格、型号	单位	数量	风险系数（%）	基准单价（元/m³）	投标单价（元/m³）	信息价（元/m³）	地区	调差单价（元/m³）	调差合价（元/m³）
1	商品混凝土 C20	m³	15.276	5	303	315.00	361.3	资阳市区	30.56	466.6818
2	商品混凝土 C30	m³	1518.484	5	338	335.00	385.49	资阳市区	30.59	46450.42
3	商品混凝土 C40	m³	77.486	5	363	360.00	417.91	资阳市区	36.77	2848.385

表 5-8 中的基准单价是施工招标文件中规定的提交投标文件的截止时间前的第 28 天所在月的材料价格；信息价是结算当月省级或行业建设主管部门或其授权的工程造价管理机构发布的材料价格。

（1）商品混凝土 C20

$$361.3 \text{ 元/m}^3 \div 315 - 1 = 14.70\%$$

投标价高于基准价，按投标价算，已超过约定的风险系数，应予调整。

单价调整为

$$315 \text{ 元/m}^3 + 315 \text{ 元/m}^3 \times 9.70\% = 345.56 \text{ 元/m}^3$$

调差单价为

$$345.56 \text{ 元/m}^3 - 315 \text{ 元/m}^3 = 30.56 \text{ 元/m}^3$$

（2）商品混凝土 C30

$$385.49 \text{ 元/m}^3 \div 338 \text{ 元/m}^3 - 1 = 14.05\%$$

投标价低于基准价，按基准价算，已超过约定的风险系数，应予调整。

单价调整为

$$335 \ 元/m^3 + 338 \ 元/m^3 \times 9.05\% = 365.59 \ 元/m^3$$

调差单价为

$$365.59 \ 元/m^3 - 335 \ 元/m^3 = 30.59 \ 元/m^3$$

（3）商品混凝土 C40

$$417.91 \ 元/m^3 \div 363 \ 元/m^3 - 1 = 15.13\%$$

投标价低于基准价，按基准价算，已超过约定的风险系数，应予调整。

单价调整为

$$360 \ 元/m^3 + 363 \ 元/m^3 \times 10.13\% = 396.77 \ 元/m^3$$

调差单价为

$$396.77 \ 元/m^3 - 360 \ 元/m^3 = 36.77 \ 元/m^3$$

2. 暂估价

暂估价是指发包人在工程量清单中提供的用于支付必然发生但暂时不能确定价格的材料、工程设备的单价以及专业工程的金额。暂估价产生的原因是为了使确定的中标价更加科学合理。工程中有些材料、设备因为技术复杂，或不能确定详细规格，或不能确定具体要求，其价格难以一次确定，因而在投标阶段，承包人往往在该部分使用不平衡报价，调低价格而低价中标，损害发包人的利益。在招标投标阶段使用暂估价，可以避免承包人通过不平衡报价而低价中标，使其在同等水平上进行比价，更能反映承包人的实际报价，使确定的中标价更加科学合理。

（1）暂估价的特点

暂估价通常具有以下特点：

1）是否适用暂估价及适用暂估价的材料、工程设备或专业工程的范围以及所给定的暂估价的金额，决定权完全在发包人。

2）发包人在工程量清单中对材料、工程设备或专业工程给定暂估价的，该暂估价构成合同价的组成部分。

3）在签订合同之后的合同履行过程中，发承包人还需按照合同所约定的程序和方式确定适用暂估价的材料、工程设备或专业工程的实际价格，并根据实际价格和暂估价之间的差额确定和调整合同价格。

（2）暂估价的适用情况

暂估价通常适用于：设计图和招标文件未明确材料品牌、规格及型号的设备；同等质量、规格及型号的设备，由于档次不一，市场价格悬殊；某些专业工程需要二次设计才能计算价格；某些项目由于时间仓促，存在设计不到位等不确定性较大的情况。通常可分为以下四种情况：

1）材料价款有较大差异：主要是指材料用量很大，如钢筋、混凝土等；材料价格波动大，档次不一，价格差异大，如地面砖、石材等装饰材料。

2）材料性质有特殊要求：主要是指用于工程关键部位、质量要求严格的材料，如钢材、防水材料、保温材料等；材料规格型号、质量标准及样式颜色有特殊要求的，如装修的面层材料、洁具等。

3）工程设备价款有较大差异：主要是指设计文件和招标文件不能明确规定价格、型号和质量的工程设备，如电梯等；同等质量、规格及型号，但市场价格悬殊、档次不一的工程设备。

4）专业工程定价不明确：一是施工招标阶段，施工图尚不完善，需要由专业单位对原图样进行深化设计后，才能确定其规格、型号和价格的成套设备或分包单位；二是某些总包单位无法自行完成，需要通过分包的方式委托专业公司完成的分包工程，如桩基工程、电梯安装、幕墙、外保温、消防、精装修、景观绿化等。

（3）暂估价的确定原则

暂估价按照以下原则进行结算。

1）不属于依法必须招标的材料、工程设备，由承包人按照合同约定采购，经发包人确认单价后取代暂估价，调整合同价款。

2）属于依法必须招标的材料和工程设备，由发承包双方以招标的方式选择供应商，确定价格，并应以此为依据取代暂估价，调整合同价款。

3）不属于依法必须招标的专业工程，应按照工程变更的合同价款调整方法确定专业工程价款，并以此为依据取代专业工程暂估价，调整合同价款。

4）属于依法必须招标的专业工程，应当由发承包双方依法组织招标，选择专业分包人，接受有管辖权的建设工程招标投标管理机构的监督，并以专业工程发包中标价为依据取代专业工程暂估价，调整合同价款。

5.2.4　工程索赔类引起的合同价款调整

1. 不可抗力

不可抗力是指合同当事人在签订合同时不可预见，在合同履行过程中不可避免且不能克服的自然灾害和社会性突发事件，如地震、海啸、瘟疫、骚乱、戒严、暴动、战争以及当地气象、地震、卫生等部门规定的情形。由此可见，不可抗力事件具有自然性和社会性，必须同时满足四个条件：不可预见；一旦发生不可避免；不能克服；是客观事件。因此，发承包双方应当在合同专用条款中明确约定不可抗力的范围以及具体的判断标准，如几级地震、几级大风以上属于不可抗力。

【实例分析 5-11】　不可抗力的判定

某承包人投标获得一项铺设管道的工程，5 月末签订工程施工合同。工程开工后，当挖掘深度达到 7m 时，遇到了严重的地下渗水，不得不安排抽水系统，并连续抽水 75 天。承包人认为这是地质资料不实造成的，为此要求对不可预见的额外成本进行赔偿。

工程师认为，地质资料是确实的，钻探是在 5 月中旬，意味着是在旱季季末，而承包人是在雨季中期施工。因此，承包人应预先考虑到会有较高的水位，这种风险不是不可预见的，因而拒绝索赔。

不可抗力造成损失的承担如图 5-4 所示。

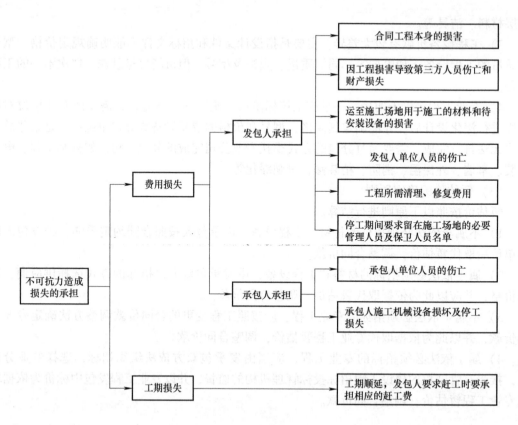

图 5-4　不可抗力造成损失的承担

【**实例分析 5-12**】　不可抗力

施工单位与建设单位按《建设工程施工合同（示范文本）》签订合同后，在施工中突遇合同中约定属不可抗力的事件，造成工地全面停工 15 天和经济损失（见表 5-9）。施工单位在合同约定的有效期内，向项目监理机构提出了费用补偿和工程延期申请。

发生的经济损失应由发包人承担的是（下面序号为表 5-9 中的序号）：

1 建安工程施工单位采购的已运至现场待安装的设备修理费 5.0 万元。

3 已通过工程验收的供水管爆裂修复费 0.5 万元。

4 建设单位采购的已运至现场的水泥损失费 3.5 万元。

6 停工期间施工作业人员窝工费 8.0 万元。

7 停工期间必要的留守管理人员工资 1.5 万元。

8 现场清理费 0.3 万元。

发生的经济损失应由承包人承担的是：

2 现场施工人员受伤医疗补偿费 2.0 万元。

5 建安工程施工单位配备的停电时间用于应急的发电机修复费 0.2 万元。

施工单位总共可获得费用补偿为（5.0+0.5+3.5+8.0+1.5+0.3）万元＝18.8 万元。工程延期要求成立，因此，此不可抗力引起的合同价款的调整额为 18.8 万元。

表 5-9 不可抗力事件造成的经济损失

序　号	项　目	金额（万元）
1	建安工程施工单位采购的已运至现场待安装的设备修理费	5.0
2	现场施工人员受伤医疗补偿费	2.0
3	已通过工程验收的供水管爆裂修复费	0.5
4	建设单位采购的已运至现场的水泥损失费	3.5
5	建安工程施工单位配备的停电时用于应急施工的发电机修复费	0.2
6	停工期间施工作业人员窝工费	8.0
7	停工期间必要的留守管理人员工资	1.5
8	现场清理费	0.3
合计		21.0

2. 提前竣工（赶工补偿）

为了保证工程质量，承包人除根据标准规范、施工图进行施工外，还应当按照科学合理的施工组织设计，按部就班地进行施工作业。有些施工流程必须有一定的时间间隔。例如，现浇混凝土必须有一定时间的养护才能进行下一道工序，刷油漆必须等上道工序所刮腻子干燥后方可进行。因此，《建设工程质量管理条例》规定："建设工程发包单位不得迫使承包人以低于成本的价格竞标，不得任意压缩合理工期。"

提前竣工（赶工）是指承包人应发包人的要求而采取加快工程进度措施，使合同工程工期缩短。而由此产生的应由发包人支付的费用称为赶工费。在实践中，赶工的原因通常有以下几项：

1）由于非承包人责任造成工期拖延，发包人希望工程能按时交付，由发包人指令承包人采取加速措施。

2）工程未拖延，由于市场等原因，发包人希望工程提前交付，与承包人协商采取加速措施。

3）由于发生干扰事件，已经造成工期拖延，发包人直接指令承包人加速施工，并且最终确定工期拖延是发包人原因，如不可抗力发生后发包人为按期完工要求承包人加速施工。在此情形下，提前竣工与赶工补偿是连为一体的，若没有提前竣工的事实，则也不存在赶工补偿的问题。赶工补偿费是因发包人提前竣工的需求，承包人采取相关措施实施赶工，为此发包人需要向承包人支付的合同价款增加额，因此，赶工补偿费是发包人对承包人提前竣工的一种补偿机制。

如果需要赶工，则发包人需要支付承包人相应的赶工费用。赶工费用是在合同签约之前，依照发包人要求压缩的工期天数是否超过定额工期的 20% 来确定，在招标文件中也有明示是否存在赶工费用。

在合同签订之后，如果发包人要求合同工程提前竣工，那么发包人还需要支付承包人相应的赶工补偿费。这是因为承包人为了按要求提前竣工，不得不投入更多的人力和设备、采用加班或倒班等措施压缩工期，这些赶工措施可能造成承包人大量的额外花费，为此承包人有权获得直接和间接的赶工补偿。提前竣工每日历天应补偿的赶工补偿费应在合同中约定，作为调整合同价款的费用，在竣工结算中一并支付。除合同另有约定外，赶工补偿费的金额可为合同价款的 5%。

3. 误期赔偿

承包人未按照合同约定施工，导致实际进度迟于计划进度的，承包人应加快进度，实现合同工期。此时即使承包人采取了赶工措施，赶工费用仍应由承包人承担。如合同工程仍然误期，则承包人应赔偿发包人由此造成的损失。即使承包人支付误期赔偿费，也不能免除承包人按照合同约定应承担的任何责任和应履行的任何义务。

误期赔偿费是承包人未按照合同工程的计划进度施工，导致实际工期超过合同工期（包括经发包人批准的延长工期），承包人应向发包人赔偿损失的费用。其性质是对承包人误期完工造成发包人损失的一种强有力的补救措施，是发包人对承包人的一种索赔，目的是保证合同目标的正常实现，保护发包人的正当权利，体现合同公平、公正、自由的原则。误期赔偿不是罚款，误期赔偿费是获得赔偿一方因对方违约而损失的额度；罚款则带有惩罚性质，金额通常大于实际损失。因此，合同约定的误期赔偿费标准明显高于发包人损失的，或被认为带有惩罚性质，则有可能被法律认定此规定没有效力。

发承包双方应在合同中约定误期赔偿费，并应明确每日历天应赔额度。误期赔偿费应列入竣工结算文件中，并应在结算款中扣除。每日历天约定的赔偿额通常由发包人在招标文件中确定。发包人在确定误期赔偿费时要考虑以下因素：

1）由于本工程延期竣工而不能使用，租赁其他建筑物的租赁费用。

2）继续使用原建筑物或租赁其他建筑物的维修费用。

3）由于工程延期而引起的投资（或贷款）利息。

4）工程延期带来的附加监理费、跟踪审计费等咨询费用。

5）原计划项目使用后的收益落空部分，如过桥费、发电站的电费等。

在工程竣工之前，合同工程内的某单项（位）工程已通过了竣工验收，且该单项（位）工程接收证书中表明的竣工日期并未延误，而是合同工程的其他部分产生了工期延误时，误期赔偿费应按照已颁发工程接收证书的单项（位）工程造价占合同价款的比例幅度予以扣减。

《建设工程质量管理条例》第十条规定："建设工程发包单位不得迫使承包方以低于成本的价格竞标，不得任意压缩合理工期。"据此，《计价规范》规定招标人应当依据相关工程的工期定额合理计算工期，压缩的工期天数不得超过定额工期的 20%，将其量化。超过者，应在招标文件中明示增加赶工费。

发包人要求合同工程提前竣工，应征得承包人同意后与承包人商定采取加快工程进度的措施，并修订合同工程进度计划。发包人应承担承包人由此增加的提前竣工（赶工补偿）费，除合同另有约定外，提前竣工补偿的金额可为合同价款的 5%。

4. 索赔

索赔是在工程承包合同履行中，当事人一方因非己方的原因而遭受经济损失或工期延误，按照合同约定或法律规定，应由对方承担责任，而向对方提出工期和（或）费用补偿要求的行为。

工程实践中，发包人索赔金额较小，为了处理方便，可以通过冲账、扣拨工程款、扣保修金等方式实现对承包人的索赔；而承包人对发包人的索赔则比较困难。通常情况下，索赔是指在合同实施过程中，承包人（施工单位）对非自身原因造成的损失而要求发包人给予补偿的一种权利；将发包人对承包人提出的索赔称为反索赔。

（1）索赔产生的原因

1）发包人违约。发包人可以将部分工作委托承包人办理，双方在专用条款中约定，其费用由发包人承担。发包人未按合同约定完成各项义务、未按合同约定的时间和数额支付工程款导致施工无法进行，或无正当理由不支付竣工结算价款等，发包人承担违约责任，赔偿因其违约给承包人造成的损失，顺延工期。发承包双方在合同专用条款内约定赔偿损失的计算方法或发包人支付违约金的数额或计算方法。

2）承包人违约。承包人未能履行各项义务、未能按合同约定的期限和规定的质量完成施工，或者由于不当的行为给发包人造成损失，承包人承担违约责任，赔偿因其违约给发包人造成的损失。发承包双方在合同专用条款内约定赔偿损失的计算方法或承包人支付违约金的数额或计算方法。

3）工程师不当行为。从施工合同的角度来看，工程师的不当行为给承包人造成的损失由发包人承担。具体情形主要有以下三种：

① 工程师发出的指令有误。

② 工程师未按合同规定及时向承包人提供指令、批准、图样或未履行其他义务。

③ 工程师对承包人的施工组织进行不合理的干预，对施工造成影响。

4）合同缺陷。合同缺陷是指合同文件规定不严谨或有矛盾，合同中有遗漏或错误。

合同文件应能相互解释、互为说明。当合同文件内容不一致时，除专用条款另有约定外，合同文件的优先解释顺序为：

① 合同协议书。

② 中标通知书。

③ 投标函及投标函附录。

④ 合同专用条款。

⑤ 合同通用条款。

⑥ 标准规范及有关技术文件。

⑦ 图样。

⑧ 工程量清单。

⑨ 工程报价单或预算书。

当合同文件内容含糊不清时，在不影响工程正常进行的情况下，由发包人和承包人协商解决，双方也可以提请工程师做出解释；双方协商不成或不同意工程师解释时，按争议约定处理。

由于合同文件缺陷导致承包人费用增加和工期延长，发包人给予补偿。

5）工程变更。工程变更的表现形式有设计变更、追加或取消某些工作、施工方法变更、合同规定的其他变更等。

6）不可抗力事件。这是指当事人在签订合同时不可预见，对其发生和后果不可避免且不能克服的事件。建设项目施工中的不可抗力事件包括战争、动乱、空中飞行物坠落或其他非发包人责任造成的爆炸、火灾，以及专用条款约定程度的风、雪、洪水、地震等自然灾害。

7）其他第三方原因。在施工合同履行中，需要多方面的协助和协调，与工程有关的第三方的问题会给工程带来不利影响。

（2）索赔的分类

1）按施工索赔依据的范围分类：

① 合同内索赔。此种索赔是以合同条款为依据，在合同中有明文规定的索赔，如工期延误、工程变更、工程师的指令错误、发包人未按合同规定支付工程进度款等。承包人可根据合同规定提出索赔要求。这是最常见的一种索赔。

② 合同外索赔。此种索赔一般难以直接从合同条款中找到依据，一般必须根据适用于合同关系的法律解决索赔问题，如施工过程中发生的重大民事侵权行为造成承包人损失。

③ 道义索赔。这种索赔无合同和法律依据。例如，发生发包人没有违约或发包人不应承担责任的干扰事件，可能由于承包人自身失误（如报价失误、环境调查失误等），发生承包人应负责的风险，造成承包人的重大损失，损失极大地影响承包人的财务状况、履约积极性、履约能力，甚至危及承包企业的生存。承包人提出索赔要求，希望发包人从道义或从工程整体利益的角度给予一定的经济补偿。

2）按施工索赔的目的分类：

① 工期索赔。它是指由于非承包人直接或间接责任事件造成计划工期延误，要求批准顺延合同工期的索赔。

② 费用索赔。它是指承包人对施工中发生的非承包人直接或间接责任事件造成的合同价外费用支出，向发包人提出的索赔。

3）按施工索赔事件的性质分类：

① 工程延误索赔。因发包人未按合同要求提供施工条件，如未及时交付设计图、施工现场、道路等，或因发包人指令工程暂停或不可抗力事件等原因造成工期拖延的，承包人对此提出索赔。这是工程中常见的一类索赔。

② 工程变更索赔。由于发包人或监理工程师指令增加或减少工程量或增加附加工程、修改设计、变更工程顺序等，造成工期延长和费用增加，承包人对此提出索赔。

③ 合同被迫终止的索赔。由于发包人或承包人违约以及不可抗力事件等原因造成合同非正常终止，无责任的受害方因蒙受经济损失而向对方提出索赔。

④ 工程加速索赔。由于发包人或工程师指令承包人加快施工速度、缩短工期，引起承包人人、财、物的额外开支，承包人对此提出的索赔。

⑤ 意外风险和不可预见因素索赔。在工程实施过程中，因人力不可抗拒的自然灾害、特殊风险，以及有经验的承包人通常不能合理预见的不利施工条件或外界障碍，如地下水、地质断层、溶洞、地下障碍物等引起的索赔。

⑥ 其他索赔。例如，因货币贬值、汇率变化、物价、工资上涨、政策法令变化等原因引起的索赔。

（3）索赔处理原则

1）以合同为依据。不论索赔事件出于何种原因，在索赔处理中，都必须在合同中找到相应的依据。工程师必须对合同条件、协议条款等有详细的了解，以合同为依据来评价、处理合同双方的利益纠纷。

合同文件包括合同协议书、图样、合同条件、工程量清单、双方有关工程的洽商、变更、来往函件等。

2）及时合理地处理索赔。索赔事件发生后，索赔的提出和处理都应当及时。索赔处理得不及时，对双方都会产生不利影响，如承包人的索赔长期得不到合理解决，可能会影响承包人的资金周转，从而影响施工进度。处理索赔还必须坚持合理性，既维护发包人的利益，又要照顾承包人的实际情况。如由于发包人的原因造成工程停工，承包人提出索赔时，机械停工损失按机械台班计算，人工窝工按人工单价计算，这些索赔显然是不合理的。机械停工由于不发生运行费用，应按折旧费补偿；对于人工窝工，承包人可以考虑将工人调到其他工作岗位，实际补偿的应是工人由于更换工作地点及工种造成的工作效率降低而发生的费用。

3）加强主动控制，减少工程索赔。在工程实施过程中，应对可能引起的索赔进行预测，尽量采取一些预防措施，避免索赔发生。

（4）索赔的程序

在合同实施阶段，在每个索赔事件发生后，应按合同条件的具体规定和工程索赔的惯例，尽快协商索赔事项。其中承包人可按下列程序（见图5-5）以书面形式向发包人索赔：

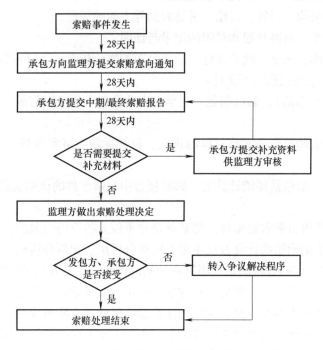

图 5-5　施工索赔处理程序

1）提出索赔要求。当出现索赔事项时，承包人以书面的索赔通知书形式，在索赔事项发生后的 28 天以内，向监理工程师正式提出索赔意向通知。

2）报送索赔报告。在索赔通知书发出后的 28 天内，向监理工程师提出延长工期和（或）补偿经济损失的索赔报告及有关资料。

3）监理工程师答复。监理工程师在收到承包人送交的索赔报告及有关资料后，应于 14 天内与发包人协商，28 天内与发包人协商一致后对承包人予以答复，或要求承包人补充索赔理由和证据；若监理工程师与发包人在收到承包人送交的索赔报告及有关资料后，于 28 天内未予答复或未对承包人提出进一步要求，即可视为该项索赔已经认可。

4）持续索赔。当索赔事件持续进行时，承包人应当阶段性向监理工程师发出索赔意向，在索赔事件终了后28天内，向监理工程师送交索赔的最终索赔报告和有关资料，监理工程师应在28天内给予答复，或要求承包人补充索赔理由和证据；逾期未答复，视为该项索赔成立。

5）争议解决。承包人接受最终的索赔处理决定，索赔事件的处理即告结束。如果承包人不同意，则会导致合同的争议，就应通过协商、调解、仲裁或诉讼方法解决。

（5）索赔依据与文件

1）索赔依据。主要包括以下依据：

① 招标文件、施工合同文件及附件、经认可的施工组织设计、工程图技术规范等。

② 双方的往来信件及各种会议纪要。

③ 施工进度计划和具体的施工进度安排。

④ 施工现场的有关文件，如施工记录、施工备忘录、施工日记等。

⑤ 工程检查验收报告和各种技术鉴定报告。

⑥ 建筑材料的采购、订货、运输、进场时间等方面的凭据。

⑦ 工程中电、水、道路开通和封闭的记录与证明。

⑧ 国家有关法律、法令、政策文件，政府公布的物价指数、工资指数等。

2）索赔文件。主要包括以下文件：

① 索赔通知（索赔信）。索赔信是一封承包人致发包人的简短信函，它主要说明索赔事件、索赔理由等。

② 索赔报告。索赔报告是索赔材料的正文，包括标题、事实与理由、损失计算与要求赔偿金额及工期。

③ 附件。附件一般包括详细计算书、索赔报告中列举事件的证明文件和证据。

（6）工期索赔

无论上述何种原因引起索赔事件，都必须是非承包人的原因引起的，并且确实给承包人造成了工期延误。工期索赔的计算方法主要有网络分析法、比例分析法。

1）网络分析法。网络分析法是利用进度计划的网络图，分析计算索赔事件对工期影响的一种方法。这是一种科学、合理的分析方法，适用于多种索赔事件的计算。

运用网络计划计算工期索赔时，要特别注意索赔事件成立所造成的工期延误是否发生在关键线路上。若发生在施工进度的关键线路上，由于关键工序的持续时间决定了整个施工工期，发生在其上的工期延误会造成整个工期的延误，因此应给予承包人相应的工期补偿。若工期延误不在关键线路上，其延误不一定会造成总工期的延误，根据网络计划原理，如果延误时间在总时差内，则网络进度计划的关键线路并未改变，总工期没有变化，也即并没有给承包人造成工期延误，此时索赔就不成立；如果延误时间超过总时差，则该线路由于延误超过时差限制而成为关键线路，网络进度计划的关键线路发生改变，总工期也发生变化，会给承包人造成工期延误，此时索赔成立。

【实例分析 5-13】　工期索赔

已知某工程网络计划如图 5-6 所示。计算网络图，总工期 16 天，关键工作为 A、B、E、F。

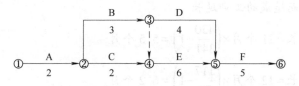

图 5-6 某工程网络计划图

若由于发包人原因造成工作 B 延误 2 天，由于 B 为关键工作，对总工期将造成延误 2 天，故向发包人索赔 2 天。

若由于发包人原因造成工作 C 延误 1 天，承包人工期是否可以向发包人提出 1 天的工期索赔？

工作 C 总时差为 1 天，有 1 天的机动时间，由于发包人原因造成的 1 天延误对总工期不会有影响。实际上，若将 1 天的延误代入原网络图，即工作 C 变为 3 天，计算结果总工期仍为 16 天。

若由于发包人原因造成工作 C 延误 3 天，由于 C 本身有 1 天的机动时间，对总工期造成延误为 3 天−1 天=2 天，故向发包人索赔 2 天。或将工作 C 延误的 3 天代入网络图中，即 C 为 2 天+3 天=5 天，计算发现网络图的关键线路发生了变化，工作 C 由非关键工作变成了关键工作，总工期变为 18 天，故索赔 18 天−16 天=2 天。

一般情况下，根据网络进度计划计算工期延误时，若工程完成后一次性解决工期延长问题，通常做法是：在原进度计划的工作持续时间的基础上，加上由于非承包人原因造成的工作延误时间，代入网络图，计算得出延误后的总工期，减去原计划的工期，进而得到可批准的索赔工期。

2) 比例计算法。在实际工程中，干扰时间常常影响某些单项工程、单位工程或分部分项工程工期，要分析它们对总工期的影响，可以采用简单的比例计算。

对于已知部分工程的延期时间：

$$工期索赔额度 = \frac{受干扰部分工程的合同价}{原合同总价} \times 受干扰部分的工期拖延时间 \qquad (5\text{-}6)$$

对于已知额外增加工程量的价格：

$$工期索赔额度 = \frac{额外增加的工程量的价格}{原合同价格} \times 原合同总工期 \qquad (5\text{-}7)$$

【实例分析 5-14】 工期索赔

某工程原合同规定分两阶段进行施工，土建工程 21 个月，安装工程 12 个月。假定以一定量的劳动力需要量为相对单位，则合同规定的土建工程量可折算为 310 个相对单位，安装工程量折算为 70 个相对单位。合同规定，在工程量增减 10% 的范围内，作为承包人的工期风险，不能要求工期补偿。在工程施工过程中，土建和安装的工程量都有较大幅度的增加，实际土建工程量增加到 430 个相对单位，实际安装工程量增加到 117 个相对单位。

承包人提出的工期索赔为

不索赔的土建工程量的上限=310×1.1=341

不索赔的安装工程量的上限=70×1.1=77

由于工程量增加而造成的工期延长

$$土建工程工期延长 = 21 个月 \times \left(\frac{430}{341} - 1\right) = 5.5 个月$$

$$安装工程工期延长 = 12 个月 \times \left(\frac{117}{77} - 1\right) = 6.2 个月$$

总工期索赔为

$$5.5 个月 + 6.2 个月 = 11.7 个月$$

(7) 费用索赔

1) 索赔的费用构成。《建筑安装工程费用项目组成》（建标〔2013〕44 号）中规定，建筑安装工程费按照费用构成要素划分为人工费、材料（含工程设备）费、施工机具使用费、企业管理费、利润、规费和税金。

索赔也可沿用建筑安装工程费的构成来确定索赔值。住房城乡建设部办公厅关于征求《建设项目总投资费用项目组成》《建设项目工程总承包费用项目组成》意见的函（建办标函〔2017〕621 号）中规定，建筑安装工程费包括直接费、间接费和利润。若征求意见稿正式发布，索赔沿用最新建筑安装工程费的构成确定索赔值即可。

2) 人工费索赔。索赔费用中的人工费主要包括：完成合同之外的额外工作的用工量增加费用；由于非承包人责任的功效降低而增加的人工费；超过法定工作时间的加班费用和工期延误期间的人工单价增长、非承包人责任造成的工程延误导致的人员窝工费和相应增加的人身保险和各种社会保险支出等。

① 完成合同之外的额外工作的用工量增加费用：

$$索赔值 = 增加的用工量 \times 人工单价 \tag{5-8}$$

其中，增加的用工量根据工人出勤记录等证明资料或索赔事件完成的分部分项工程及措施项目的定额人工予以确定；人工单价根据投标报价文件确定。

② 由于非承包人责任的功效降低而增加的人工费：

$$索赔值 = 实际用工量下的人工成本 - 正常劳动率下的人工成本 \tag{5-9}$$

其中，正常劳动率是指行业数据、企业定额数据对应的效率。

③ 超过法定工作时间的加班费用：

$$索赔值 = 加班用工量 \times 加班人工单价 \tag{5-10}$$

其中，加班用工量可以根据工人出勤记录、工人工作进出场记录计算确定；加班人工单价执行国家劳动标准或合同约定。

④ 工期延误期间的人工单价增长：

$$索赔值 = 延误期间的用工量 \times 人工单价上涨幅度 \tag{5-11}$$

其中，延误期间的用工量可以依据延误期间完成的分部分项工程及措施项目的定额人工予以确定；人工单价上涨幅度可依据地方人工调差文件予以确定。

⑤ 非承包人责任造成的工程延误导致的人员窝工费：

$$索赔值 = 窝工人工量 \times 窝工单价 \tag{5-12}$$

其中，窝工人工量可以依据工人出勤记录、工人人数等证明以及窝工工日的签认证明予以确定；窝工单价标准可在合同中约定，可采用最低人工工资标准（元/工日）或人工单价的 60%～70%等约定。

⑥ 非承包人责任造成的工程延误导致的相应增加的人身保险和各种社会保险支出。由于索赔事件导致工期的延长，合同中约定的保险在延长期间的保险费用增加按实计算。

3）材料（工程设备）费索赔。可索赔的材料（工程设备）费主要包括：由于索赔事件导致实际材料（工程设备）用量超过计划用量部分的费用（即额外材料、工程设备的费用）；由于索赔事件或非承包人原因的工期延误导致的材料（工程设备）价格大幅度上涨。

① 额外材料、工程设备的费用：

$$索赔值 = 材料（工程设备）用量增加值 \times 单价 \qquad (5\text{-}13)$$

其中，材料（工程设备）用量增加量根据建筑材料的领料、退料方面的记录、凭证和报表或者索赔事件完成的分部分项工程及措施项目的定额材料消耗量予以确定；材料（工程设备）单价取自投标文件。

② 索赔事件或非承包人原因的工期延误导致的材料（工程设备）价格大幅度上涨：

$$索赔值 = 价格上涨的材料（工程设备）用量 \times 材料单价上涨幅度 \qquad (5\text{-}14)$$

其中，价格上涨的材料（工程设备）用量可通过采购、订货、运输、进场，使用方面的记录、凭证和报表，每月成本计划与实际进度及成本报告予以确认；材料（工程设备）单价上涨幅度可采用合同中规定的调价方法（价格指数调整价格差额法或造价信息调整价格差额法）确定，其主要依据包括国家或省、自治区、直辖市的政府物价管理部门或统计部门提供的价格指数或行业建设部门授权的工程造价机构公布的材料价格。材料（工程设备）单价中应包括运输费、场外运输损耗、仓库保管费等费用，这些费用的上涨通过材料（工程设备）单价上涨予以反映。

承包人应该建立健全物资管理制度，记录材料（工程设备）的进货日期和价格，建立领料耗用制度，以便索赔时能准确地分离索赔事项引起的材料（工程设备）额外的耗用量。为了证明材料单价的上涨，承包人应提供可靠的订货单、采购单或官方公布的材料价格（信息价）。

4）施工机具使用费索赔。可索赔的施工机具使用费主要包括：由于完成额外工作增加的施工机具使用费；非承包人责任导致工效降低而增加的机械费用；由于发包人原因造成的机械设备停工的窝工费；工期延误期间的台班单价增长等。施工机具使用费也包括小型工具和低值易耗品的费用，这部分费用一般较难准确确定，往往需要合同双方协商确定。

① 额外工作增加的施工机具使用费：

$$索赔值 = 增加的机械台班量 \times 机械台班单价 \qquad (5\text{-}15)$$

其中，增加的机械台班量根据索赔事件完成的分部分项工程及措施项目的定额机械台班予以确定；机械台班单价根据投标报价文件确定。

② 非承包人责任导致工效降低而增加的机械费用：

$$索赔值 = 实际台班下的机械费用 - 正常台班效率下的机械费用 \qquad (5\text{-}16)$$

承包人使用自有设备时，需要提供详细的设备运行时间和台数、燃料消耗记录、随机工作人员工作记录等。这些证据往往难以齐全、准确，有时双方会产生争执，因此在索赔计价时，往往按照有关的标准手册中关于设备的工作效率、折旧、保养等定额标准进行。

承包人使用租赁设备时，只要租赁价格合理，又有可信的租赁收费单据，就可以按租赁合同计算索赔款。

正常台班效率是指行业数据、企业定额数据对应的效率。

③ 由于发包人原因造成的机械设备停工的窝工费：

承包人使用自有设备时：

$$索赔值 = 机械闲置台班 \times 窝工单价 \tag{5-17}$$

承包人使用租赁设备时：

$$索赔值 = 机械闲置台班 \times 租赁单价 \tag{5-18}$$

其中，机械闲置台班可以依据工期延误记录证明资料予以确认；窝工单价可以根据机械台班折旧费计取；租赁单价可以依据租赁合同予以确定。

④ 工期延误期间的台班单价增长：

$$索赔值 = 延误期间的台班量 \times 台班单价上涨幅度 \tag{5-19}$$

其中，延误期间的台班量可以依据延误期间完成的分部分项工程及措施项目的定额台班予以确定；台班单价上涨幅度同样区分自有和租赁分别确定。

5）企业管理费索赔。索赔费用中的企业管理费主要是指索赔事件导致的工期延误期间增加的管理费，包括增加的现场组织施工生产和承包人经营管理公司的管理费。

现场组织施工生产增加的管理费可以划分为可变部分和固定部分。可变部分是指在延期过程中可以调到其他工程项目上的管理设施或人员。固定部分是指在延期过程中一直在施工现场的管理设施或人员。

承包人经营管理公司的管理费是指工程项目组向其公司总部上交的一笔管理费。作为总部对该工程项目进行指导和管理工作的费用，包括总部职工工资、办公大楼折旧、办公用品、财务管理、通信设施以及总部领导人员赴工地检查指导工作等项目开支。

6）利润索赔。不是所有的索赔事件都可以索赔利润。承包人一般可以提出利润索赔的情况包括：工程变更引起工程量增加、施工条件变化、文件有缺陷或技术性错误、发包人未能提供现场等导致的索赔；由于发包人原因终止或放弃合同，承包人有权获得已完成的工程款（包含利润）。

延误工期并未影响项目的实施，也不会导致承包人利润减少，因此，延误的费用索赔中不能再加利润。

索赔利润的款额计算通常与原报价单中的利润百分率保持一致，即在索赔款直接费的基础上，乘以原报价单中的利润率，即作为该项索赔款中的利润额。

7）规费、税金索赔。规费费率和税金税率不以索赔事件的发生而改变。索赔事件导致的规费和税金计算基础的改变会导致规费、税金的改变。

8）其他索赔。具体包括以下几种类型：① 利息，又称融资成本或资金成本，是企业取得使用资金所付出的代价。融资成本主要有两种：额外的利息支出和使用自有资金引起的机会损失。只要因发包人违约（如发包人拖延或拒绝支付各种工程款、预付款或拖延退还扣留的保留金）或其他合法索赔事项直接引起额外贷款，承包人有权向发包人就相关的利息提出索赔。

② 分包商索赔。索赔费用中的分包费用是指分包商的索赔款项，一般包括人工费、材料费、施工机具使用费等。因发包人或工程师原因造成分包商的额外损失，分包商首先应向承包人提出索赔要求和索赔报告，然后以承包人的名义向发包人提出分包工程增加费及相应管理费索赔。

③ 其他手续费，包括相应保函费、保险费、银行手续费及其他额外费用的增加等。这些费用需要承包人按时提供证据和票据，据实索赔。

（8）索赔费用的计算方法

索赔费用可用分项法、总费用法、修正总费用法等方法计算。

① 分项法。分项法是指按每个索赔事件所引起损失的费用项目分别分析计算索赔值的一种方法，也是工程索赔计算中最常用的方法。

② 总费用法。当发生多次索赔事件后，重新计算该工程的实际总费用，再从实际总费用中减去投标报价时估算的总费用，即

$$索赔值 = 实际总费用 - 投标报价总费用 \tag{5-20}$$

由于施工过程中会受到许多因素影响，既有发包人的原因，也有施工方自身的原因，采用总费用法可能在实际费用中包括由于承包人的原因而增加的费用，所以，这种方法只有在难以按分项法计算索赔费用时才使用。

③ 修正总费用法。修正总费用法是对总费用法的改进，在总费用计算的原则上，去除一些不合理的因素，使其更合理。

$$索赔值 = 调整后实际总金额 - 投标报价估算总费用 \tag{5-21}$$

【实例分析5-15】　费用索赔

某施工单位与某建设单位签订施工合同，合同工期38天。合同中约定，工期每提前（或拖后）1天奖罚5000元。乙方得到工程师同意的施工网络计划如图5-7所示。

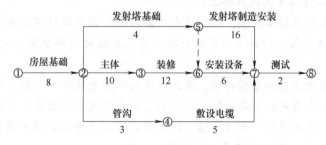

图5-7　施工网络计划图（单位：天）

实际施工中发生了如下事件：

1）在房屋基槽开挖后，发现局部有软弱下卧层，按甲方代表指示，乙方配合地质复查，配合用工10工日。地质复查后，根据经甲方代表批准的地基处理方案增加工程费用4万元，因地基复查和处理使房屋基础施工延长3天，人工窝工15工日。

2）在发射塔基础施工时，因发射塔坐落位置的设计尺寸不当，甲方代表要求修改设计，拆除已施工的基础、重新定位施工，由此造成工程费用增加1.5万元，发射塔基础施工延长2天。

3）在房屋主体施工中，因施工机械故障，造成工人窝工8工日，房屋主体施工延长2天。

4）在敷设电缆时，因乙方购买的电缆质量不合格，甲方代表令乙方重新购买合格电缆，由此造成敷设电缆施工延长4天，材料损失费1.2万元。

5）鉴于该工程工期较紧，乙方在房屋装修过程中采取了加快施工技术措施，使房屋装

修施工缩短3天，该项技术措施费为0.9万元。

其余各项工作的持续时间和费用与原计划相符。假设工程所在地人工费标准为230元/工日，应由甲方给予补偿的窝工人工补偿标准为80元/工日，间接费、利润等均不予补偿。

1. 事件分析

首先进行事件发生前初始网络进度参数计算，如图5-8所示。

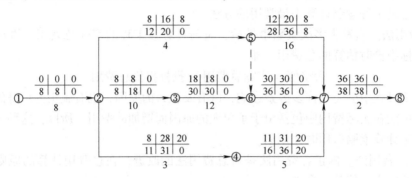

图5-8　初始网络进度参数计算（单位：天）

按初始网络进度图计算的工期为（8+10+12+6+2）天=38天，正好满足合同要求。

然后进行事件的索赔定性分析：

事件1：可以提出工期索赔和费用索赔。因为地质条件的变化属于有经验的承包人无法合理预见的，且该工作位于关键线路上。

事件2：可提出费用补偿要求，不能提出工期补偿。因为设计变更属于甲方应承担的责任，甲方应给予经济补偿，但该工序为非关键工序且延误时间为2天，未超过总时差8天，故没有工期补偿。

事件3：不能提出工期和费用补偿。施工机械故障属于施工方自身应承担的责任。

事件4：不能提出费用和工期补偿。乙方购买的电缆质量问题是乙方自身的责任。

事件5：不能提出费用和工期的补偿。因为双方在合同中约定采用奖励的方法补偿乙方加速施工的费用，故赶工措施项目费由乙方自行承担。

2. 工期索赔

5个事件发生后的实际施工进度参数计算如图5-9所示。

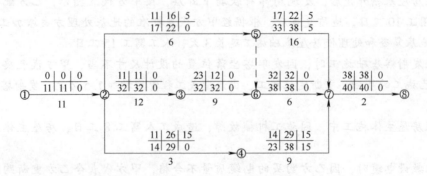

图5-9　实际施工进度参数计算（单位：天）

按实际情况计算的工期为（11+12+9+6+2）天=40天。

由于发包人原因而导致的进度计划改变及参数计算如图5-10所示。

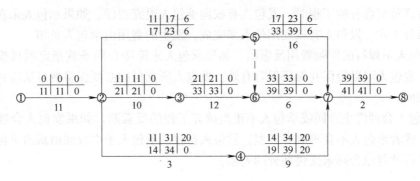

图 5-10　由于发包人原因而导致的进度计划改变及参数计算（单位：天）

由于发包人原因而导致的进度计划改变，工期为（11+10+12+6+2）天=41天，与原合同工期相比应延长3天，即实际工期可顺延为41天，而实际工期为40天，与工期补偿后的工期41天相比提前了1天，按照合同应给予奖励。

3. 费用索赔

事件1：

增加人工费：10工日×230元/工日=2300元

窝工费：15工日×80元/工日=1200元

增加工程费用：40000元

事件2：

增加工程费：15000元

合计索赔：（2300+1200+40000+15000）元=58500元；此外，提前工期奖励：1天×5000元/天=5000元。

（9）发包人反索赔

发包人反索赔是指发包人向承包人所提出的索赔，由于承包人不履行或不完全履行约定的义务，或是由于承包人的行为使发包人受到损失时，发包人为了维护自己的利益，向承包人提出的索赔。常见的发包人索赔有如下几方面：

1）工期延误反索赔。在建设项目的施工过程中，因承包人的原因而不能按照协议书约定的竣工日期或工程师同意顺延的工期竣工，承包人应承担违约责任，赔偿其因违约给发包人造成的损失，双方在专用条款内约定承包人赔偿损失的计算方法或承包人应当支付违约金的数额和计算方法，由承包人支付延期竣工违约金。发包人在确定违约金的费率时，一般要考虑以下因素：

① 主盈利损失。

② 由于工期延长而引起的贷款利息增加。

③ 工程拖期带来的附加监理费。

④ 由于工程拖期竣工不能使用，租用其他建筑时的租赁费。

违约金的计算方法在每个合同文件中均有具体规定，一般按每延误1天赔偿一定的款额计算，累计赔偿额一般不超过合同总额的 10%。

2）施工缺陷反索赔。承包人施工质量不符合施工技术规程的要求，或在保修期未满以前未完成应该负责修补的工程时，发包人有权向承包人追究责任。如果承包人未在规定的时限内完成修补工作，发包人有权雇用他人来完成，发生的费用由承包人负担。

3）承包人不履行的保险费用反索赔。如果承包人未能按合同条款指定项目投保并保证保险有效，发包人可以投保并保证保险有效，发包人所支付的必要保险费可从应付给承包人的款项中扣回。

4）发包人合理终止合同或承包人不正当放弃工程的反索赔。如果发包人合理终止承包人的承包，或者承包人不合理放弃工程，发包人有权从承包人手中收回由新的承包人完成工程所需的工程款与原合同未支付部分的差额。

5.2.5 其他类引起的合同价款调整

1. 现场签证

现场签证是发包人现场代表（或其授权的监理人、工程造价咨询人）与承包人现场代表就施工过程中涉及的责任事件所做的签认证明。现场签证实质上是一种能快速处理现场变化的应对机制，被广泛应用在施工过程中。

由于施工生产的特殊性，施工过程中往往会出现一些与合同约定不一致或未约定的事项，这时就需要发承包双方用书面形式记录下来，各地对此的称谓不一，如工程签证、施工签证、技术核定单等。

（1）现场签证情形

1）发包人的口头指令，需要承包人将其提出，由发包人转换成书面签证。

2）发包人的书面通知，如涉及工程实施，需要承包人就完成此通知需要的人工、材料、机械设备等内容向发包人提出，取得发包人的签证确认。

3）合同工程招标工程量清单中已有，但施工中发现与其不符，如土方类别、出现流沙等，需承包人及时向发包人提出签证确认，以便调整合同价款。

4）由于发包人原因未按合同约定提供场地、材料、设备或停水、停电等，造成承包人停工，需承包人及时向发包人提出签证确认，以便计算索赔费用。

5）合同中约定的材料、设备等价格，由于市场发生变化，需承包人向发包人提出采纳数量及其单价，以便发包人核对后取得发包人的签证确认。

6）其他由于施工条件、合同条件变化需现场签证的事项等。

可以说，如何处理现场签证是施工阶段工程造价管理水平高低的衡量标准，是有效进行合同管理、减少合同纠纷的手段。

施工合同履行期间出现现场签证事件的，发承包双方应调整合同价款。工程变更、工程索赔、计日工对合同价款调整的实现形式都是现场签证。此处所指的现场签证是除工程变更、工程索赔、计日工之外的签认证明行为。

（2）现场签证造成的合同价款调整

1）在建设工程实施过程中，对于合同以外的零星工程或非承包人责任事件，发包人应及时向承包人出具书面指令。

2）承包人收到书面指令以后向发包人提出现场签证要求，并在 7 天内提交现场签证报告。现场签证的工作如果已有相应的计日工单价，现场签证报告中仅列明完成该签证工作所需的人工、材料、工程设备和施工机具台班的数量；如果现场签证的工作没有相应的计日工单价，则应当在现场签证报告中列明完成该签证工作所需的人工、材料、工程设备和施工机具台班。发包人在收到现场签证报告后的 48 小时内予以核实或者提出意见，最后进行确认。

3）现场签证完成后的 7 天以内，承包人按照现场签证的工作内容计算签证费用，报发包人确认后形成合同价款。现场签证的价款结算与进度款同期支付。

合同工程发生现场签证事项，未经发包人签证确认，承包人便擅自实施相关工作的，除非征得发包人书面同意，否则发生的费用由承包人承担。

2. 暂列金额

已签约合同价中的暂列金额只能按照发包人的指示使用。暂列金额虽然列入合同价款，但并不属于承包人所有，也不必然发生。只有按照合同约定实际发生后，才能成为承包人的应得金额，纳入工程合同结算价款中。因此，纳入工程合同结算价款的总金额不一定与合同价中的暂列金相等。扣除发包人按照《计价规范》"合同价款调整"的规定所做支付后，若还有暂列金额余额，仍归发包人所有。

不管采用何种合同形式，理想的工程造价管理效果是：一份工程合同的价格就是其最终的竣工结算价格，或者至少两者应尽可能接近。我国规定对国有资金投资工程实行设计概算控制管理，经项目审批部门批复的设计概算是工程投资控制的刚性指标，即使商业性开发项目也有成本的预先控制问题，否则无法相对准确地预测投资收益和科学合理地进行投资控制。

工程建设自身的特性决定了工程的设计需要根据工程进展不断地进行优化和调整，发包人的需求可能会随工程建设进展出现变化，工程建设过程还会存在一些不能预见、不能确定的因素。消化这些因素必然会导致合同价款的调整，暂列金额正是因这类不可避免的价格调整而设立的，以便达到合理确定和有效控制工程造价的目标。设立暂列金额并不能保证合同结算价格不超合同价，是否超出合同价取决于工程量清单编制人对暂列金额预测的准确性，以及工程建设过程是否出现了其他事先未预测到的事件。

5.3 施工阶段工程造价管理关键点二——工程价款结算

建设工程价款结算，即工程结算，是发承包双方根据有关法律、法规规定和合同约定，对合同工程实施中、终止时、已完工后的工程项目进行的合同价款计算、调整和确认。工程结算分为期中结算、终止结算、竣工结算。期中结算又称为中间结算。

期中结算是指发承包双方根据合同约定，在施工准备及施工过程中承包人完成合同约定的工作内容后，对工程价款的计算和确定。

按照《计价规范》的相关规定，工程量清单计价方式下的合同价款期中支付包括预付款支付、安全文明施工费支付、进度款支付。

5.3.1 工程预付款支付

工程预付款是在开工前，发包人按照合同约定，预先支付给承包人用于购买工程施工所需的材料、工程设备，以及组织施工机械和人员进场等的款项。

1. 预付款的额度

包工包料工程，预付款的最低额度不得低于签约合同价（扣除暂列金额）的10%，不宜高于签约合同价（扣除暂列金额）的30%。

2. 预付款的支付

预付款的支付前提：承包人应在签订合同或向发包人提供与预付款等额的预付款保函（如有）后向发包人提交预付款支付申请。

预付款的支付时限：

1）发包人应在收到支付申请的7天内进行核实，向承包人发出预付款支付证书，并在签发支付证书后的7天内向承包人支付预付款。预付款最迟应在开工通知载明的开工日期7天前支付。

2）发包人没有按合同约定按时支付预付款的，承包人可催告发包人支付；发包人在预付款期满后的7天内仍未支付的，承包人可在付款期满后的第8天起暂停施工。发包人应承担由此增加的费用和延误的工期，并应向承包人支付合理利润。

3. 预付款的扣回

发包人支付给承包人的工程预付款属于预支性质，随着工程的逐步实施，原已支付的预付款应以充抵工程价款的方式陆续扣回，抵扣方式应当由双方当事人在合同中明确约定。

扣款方法主要有以下两种：

1）按合同约定扣款。预付款的扣款方法由发包人和承包人通过洽商后在合同中予以确定，一般是在承包人完成金额累计达到合同总价的一定比例后，由承包人开始向发包人还款，发包人从每次应付给承包人的金额中扣回工程预付款，发包人至少在合同规定的完工期前将工程预付款的总金额逐次扣回。国际工程中的扣款方法一般为：当工程进度款累计金额超过合同价格的10%~20%时开始起扣，每月从进度款中按一定比例扣回。

2）起扣点计算法。从未施工工程尚需的主要材料及构件的价值相当于工程预付款数额时起扣，此后每次结算工程价款时，按材料所占比重扣减工程价款，至工程竣工前全部扣清。该方法对承包人比较有利，最大限度地占用了发包人的流动资金，但是不利于发包人资金使用。

起扣点的计算公式为

$$T = P - \frac{M}{N} \tag{5-22}$$

式中　T——起扣点（即工程预付款开始扣回时的累计完成工程金额）；

P——承包工程合同总额；

M——工程预付款总额；

N——主要材料及构件所占比重（双方合同中约定）。

【案例分析5-16】　预付款

某建设项目施工合同2月1日签订，合同总价为6000万元，合同工期为6个月，双方约定3月1日正式开工。物价指数与各月工程款见表5-10。

合同中规定：预付款为合同总价的30%，工程预付款应从未施工工程尚需主要材料及构配件价值相当于工程预付款数额时起扣，每月以抵充工程款方式陆续收回（主要材料及设备费比重为 60%)。

表 5-10　物价指数与各月工程款

项目 ＼ 月份	3 月	4 月	5 月	6 月	7 月	8 月
计划工程款（万元）	1000	1200	1200	1200	800	600
实际工程款（万元）	1000	800	1600	1200	860	580
人工费指数	100	100	100	103	115	120
材料费指数	100	100	100	104	130	130

预付款：6000 万元×30%＝1800 万元

起扣点：6000 万元－1800 万元÷0.6＝3000 万元，因 3 月、4 月、5 月累计工程款为 3400 万元，故从 5 月起扣。

5 月扣：（3400－3000）万元×60%＝240 万元

6 月扣：1200 万元×60%＝720 万元

7 月扣：860 万元×60%＝516 万元

8 月扣：1800 万元－（240+720+516）万元＝324 万元

8 月不能再按照实际工程款的 60% 计算预付款的回扣。因为实际工程款累计已超过了合同总价，而预付款是按照合同总价的 30% 计算的，故 8 月的预付款回扣剩余部分即可。

5.3.2　安全文明施工费支付

安全文明施工费是指按照国家现行的建筑施工安全、施工现场环境与卫生标准和有关规定，购置和更新施工安全防护用具及设施、改善安全生产条件和作业环境所需要的费用。

《计价规范》中规定的安全文明施工费的支付是：发包人应在工程开工后的 28 天内预付不低于当年施工进度计划的安全文明施工费总额的 60%，其余部分应按照提前安排的原则进行分解，并应与进度款同期支付。

安全文明施工费的支付在《建筑工程安全防护、文明施工措施费用及使用管理规定》（建办〔2005〕89 号）、《建设工程施工合同（示范文本）》（GF—2017—0201）等文件中都有相关规定。

实践中，安全文明施工费的支付常约定为：工程开工前，支付安全防护、文明施工措施费用的 30%；基础完工时，支付安全防护、文明施工措施费用的 30%；主体完工时，支付安全防护、文明施工措施费用的 30%；其余费用结算时支付。

当合同没有约定或约定不明时，《建筑工程安全防护、文明施工措施费用及使用管理规定》（建办〔2005〕89 号）规定：建设单位与施工单位在施工合同中对安全防护、文明施工措施费用预付、支付计划未做约定或约定不明的，合同工期在一年以内的，建设单位预付安全防护、文明施工措施项目费用不得低于该费用总额的 50%；合同工期在一年以上的（含一年），预付安全防护、文明施工措施费用不得低于该费用总额的 30%，其余费用应当按照施工进度支付。

发包人没有按时支付安全文明施工费的，承包人可催告发包人支付；发包人在付款期满

139

后的 7 天内仍未支付的，若发生安全事故，发包人应承担相应责任。

【实例分析 5-17】 安全文明施工费

某建设项目土方工程，建设单位与施工单位签订了工程施工合同，合同工期为 5 个月，工程量为 8000m³，综合单价为 200 元/m³。合同中约定：当实际工程量比清单工程量增加超过 10%，应调整单价，超出部分的单价调整系数为 0.9；当实际工程量比清单工程量减少 10%以上时，对该分项工程的全部工程量调整单价，单价调整系数 1.1。

工程技术措施项目费合计为 55 万元，从合同工期第 1 个月至第 4 个月平均支付，技术措施费的调整按《计价规范》的规定。安全文明施工费合计 9.5 万元，以分部分项工程费和技术措施项目费合计为基数进行结算。安全文明施工费在开工后的第 1 个月月末和第 2 个月月末按措施项目清单中的数额分两次平均支付，措施费用调整部分在最后一个月结清，多退少补。

施工单位每月实际完成并经工程师确认的分部分项工程量见表 5-11。

表 5-11　每月实际完成的分部分项工程量

月　　份	1	2	3	4	5
工程量（m³）	1400	1900	1500	2000	2100

5 月累计工程量＝（1400+1900+1500+2000+2100）m³＝8900m³

（8900−8000）m³÷8000m³＝11.25%，超过 10%，重新调整综合单价。

调整结算价＝8000m³×1.1×200 元/m³＋（8900m³−8000m³×1.1）×200 元/m³×0.9
　　　　　＝176 万元+1.8 万元＝177.8 万元

按《计价规范》的规定，当工程量出现变化，且该变化引起相关措施项目相应发生变化时，按系数或单一总价方式计价的，工程量增加的措施项目费调增，工程量减少的措施项目费调减。

技术措施调整后结算价＝55 万元×$\left(\dfrac{177.8\ 万元 - 160\ 万元 × 1.1}{160\ 万元} + 1 \right)$＝55.62 万元

安全文明施工费费率＝$\dfrac{9.5\ 万元}{160\ 万元 + 55\ 万元}$＝4.42%

调整后的安全文明施工费结算价＝（177.8+55.62）万元×4.42%＝10.32 万元

5 月份应结算的措施费＝（10.32+55.62）万元−（55+9.5）万元＝1.44 万元

5.3.3　工程进度款支付

工程进度款是指发包人在合同工程施工过程中，按照合同约定对付款周期内承包人完成的合同价款给予支付的款项，即合同价款期中结算支付。

工程进度款的额度以及支付需通过对已完工程量进行计量与复核来确定并实现。对于单价合同，发包人支付工程进度款之前要先对已完工程进行计量与复核，以确定承包人所完成的工程量，进而确定应支付给承包人的工程进度款；对于总价合同，发承包双方按照支付分解表或者专用条款中的约定对已完工程进行计量并确定工程进度，进而确定应支付的工程进度款。

1. 工程计量

所谓工程计量，就是发承包双方根据合同约定，对承包人完成合同工程的数量进行的计算和确认。具体地说，就是双方根据设计图、技术规范以及施工合同约定的计量方式和计算方法，对承包人已经完成的质量合格的工程实体数量进行测量与计算，并以物理计量单位或自然计量单位进行表示和确认的过程。

除专用合同条款另有约定外，工程量的计量按月进行。

（1）工程计量的原则

1）工程量计算规则应以相关的国家标准、行业标准等为依据，由合同当事人在专用合同条款中约定。

2）不符合合同文件要求的工程不予计量，即工程必须满足设计图、技术规范等合同文件对其在工程质量上的要求，同时有关的工程质量验收资料齐全、手续完备，满足合同文件对其在工程管理上的要求。

3）按合同文件所规定的方法、范围、内容和单位计量。工程计量的方法、范围、内容和单位受合同文件所约束，其中工程量清单（说明）、技术规范、合同条款均会从不同角度、不同侧面涉及这方面的内容。在计量中要严格遵循这些文件的规定，并且一定要结合起来使用。

4）因承包人原因造成的超出合同工程范围施工或返工的工程量，发包人不予计量。

【实例分析 5-18】　工程计量

某深基础土方开挖工程，合同中约定按设计图中基础的底面积乘以挖深以体积进行计量，施工过程中施工单位为了施工的安全、边坡的稳定，扩大开挖范围，导致土方量增加 $800m^3$，又因遇到地下障碍物，导致土方量增加 $200m^3$。工程师应如何计量？

扩大开挖范围导致土方量增加的 $800m^3$，工程师不应给予计量，因为这是施工单位自身施工措施导致的，不在合同范围之内；因地下障碍物导致土方量增加的 $200m^3$ 应该计量，因为按合同规定，这是发包人应承担的风险。

（2）单价合同的计量

《示范文本》通用条款约定如下：

1）承包人应于每月 25 日向监理人报送上月 20 日至当月 19 日已完成的工程量报告，并附进度付款申请单、已完成工程量报表和有关资料。

2）监理人应在收到承包人提交的工程量报告后 7 天内完成对承包人提交的工程量报表的审核并报送发包人，以确定当月实际完成的工程量。监理人对工程量有异议的，有权要求承包人进行共同复核或抽样复测。承包人应协助监理人进行复核或抽样复测，并按监理人要求提供补充计量资料。承包人未按监理人要求参加复核或抽样复测的，监理人复核或修正的工程量视为承包人实际完成的工程量。

3）监理人未在收到承包人提交的工程量报表后的 7 天内完成审核的，承包人报送的工程量报告中的工程量视为承包人实际完成的工程量，据此计算工程价款。

（3）总价合同的计量

《示范文本》通用条款对按月计量支付的总价合同约定如下：

1）承包人应于每月 25 日向监理人报送上月 20 日至当月 19 日已完成的工程量报告，并附进度付款申请单、已完成工程量报表和有关资料。

2）监理人应在收到承包人提交的工程量报告后7天内完成对承包人提交的工程量报表的审核并报送发包人，以确定当月实际完成的工程量。监理人对工程量有异议的，有权要求承包人进行共同复核或抽样复测。承包人应协助监理人进行复核或抽样复测并按监理人要求提供补充计量资料。承包人未按监理人要求参加复核或抽样复测的，监理人审核或修正的工程量视为承包人实际完成的工程量。

3）监理人未在收到承包人提交的工程量报表后的7天内完成复核的，承包人提交的工程量报告中的工程量视为承包人实际完成的工程量。

总价合同采用支付分解表计量支付的，仍按上述约定进行计量，但合同价款按照支付分解表进行支付。

（4）其他价格形式合同的计量

合同当事人可在专用合同条款中约定其他价格形式合同的计量方式和程序。

2. 工程进度款支付

进度款的支付周期与工程计量周期一致。在工程量经复核认可后，承包人应在每个付款周期末，向发包人递交进度款支付申请，并附相应的证明文件。除合同另有约定外，进度付款申请单应包括下列内容：

1）截至本次付款周期已完成工作对应的金额。

2）根据变更应增加和扣减的变更金额。

3）本次应扣减的预付款。

4）根据质量保证金的约定应扣减的质量保证金。

5）根据索赔应增加和扣减的索赔金额。

6）对已签发的进度款支付证书中出现错误的修正，应在本次进度付款中支付或扣除的金额。

7）根据合同约定应增加和扣减的其他金额。

3. 工程进度款支付程序与支付审核

（1）工程进度款支付程序

1）工程量计量。工程款支付前发包人和监理方需要测量计算本期实际完成的工程量。工程量计算以施工图、工程变更以及现场测量为依据，所得到的工程量是计算本期工程款的依据。

2）承包人提供报表。以每月付款的工程为例，每个月承包人应提交支付报表，内容包括提出本月已完成合格工程的应付款要求和对应扣款的确认。

3）监理工程师签证。监理造价工程师接到施工单位提供的支付报表后，对承包人完成的工程形象进度、数量、质量以及完成工程各项的工作内容进行核查，按核实的实际完成工程量、项目的工作内容、以及项目的综合单价签发支付意见。

4）发包人支付。对监理或造价工程师签好的进度款支付证书，发包人进行核对，核对无误后，经领导审批向承包人支付工程款。

（2）工程进度款支付审核

除专用合同条款另有约定外，监理人应在收到承包人提交的进度款支付报表后7天内完成审查并报送发包人，发包人应在收到后7天内完成审批并签发进度款支付证书。发包人逾期未完成审批且未提出异议的，视为已签发进度款支付证书。

【案例分析 5-19】　合同价款期中支付

某工程施工合同中含两个分项工程，估计工程量甲项为 2300m³，乙项为 3200m³，合同单价甲项为 180 元/m³，乙项为 160 元/m³。施工合同约定：

1) 开工前发包人应向承包人支付合同价 20% 的预付款。

2) 发包人自第 1 个月起，从承包人的工程款中，按 5% 的比例扣留质量保证金。

3) 当分项工程实际工程量超过估计工程量 10% 时，可进行调价，调整系数为 0.9。

4) 根据市场情况，价格调整系数平均按 1.2 计算。

5) 工程师签发月度付款最低金额为 25 万元。

6) 预付款在最后两个月扣除，每月扣 50%。

承包人每月实际完成并经工程师签证确认的工程量见表 5-12。

表 5-12　每月实际完成工程量　　　　　　　　　　　（单位：m³）

月　份	1	2	3	4	合　　计
甲项目	500	800	800	600	2700
乙项目	700	900	800	600	3000

合同预付金额为

$$(2300m^3×180 元/m^3+3200m^3×160 元/m^3)×20\%=18.52 万元$$

(1) 第 1 个月

工程量价款为 $500m^3×180 元/m^3+700m^3×160 元/m^3=20.20 万元$

应签证的工程款为 20.20 万元×1.2×（1-5%）= 23.03 万元

月度付款最低金额为 25 万元，故本月不予签发付款凭证。

(2) 第 2 个月

工程量价款为 $800m^3×180 元/m^3+900m^3×160 元/m^3=28.80 万元$

应签证的工程款为 28.80 万元×1.2×0.95 = 32.83 万元

本月实际签发的付款凭证金额为（23.03+32.83）万元 = 55.86 万元

(3) 第 3 个月

工程量价款为 $800m^3×180 元/m^3+800m^3×160 元/m^3=27.20 万元$

应签证的工程款为 27.20 万元×1.2×0.95 = 31.01 万元

应扣预付款为 18.52 万元×50% = 9.26 万元

应付款为（31.01-9.26）万元 = 21.75 万元

月度付款最低金额为 25 万元，故本月不予签发付款凭证。

(4) 第 4 个月

甲项工程累计完成工程量为 2700m³，比原估算工程量 2300m³ 超出 400m³，已超过估算工程量的 10%，超出部分的单价应进行调整。

超过估算工程量 10% 的工程量为 $2700m^3-2300m^3×（1+10\%）= 170m^3$

这部分工程量单价应调整为 180 元/m³×0.9 = 162 元/m³

甲项工程工程量价款为（600-170）m³×180 元/m³+170m³×162 元/m³ = 10.49 万元

乙项工程累计完成工程量为 $3000m^3$，比原估计工程量 $3200m^3$ 减少 $200m^3$，不超过估算工程量的 10%，其单价不予进行调整。

乙项工程工程量价款为 $600m^3 \times 160$ 元 $/m^3 = 9.60$ 万元

本月完成甲、乙两项工程价款合计为 （10.49+9.60） 万元 = 20.09 万元

应签证的工程款为 20.09 万元 $\times 1.2 \times 0.95 = 22.91$ 万元

本月实际签发的付款凭证金额为 21.75 万元+22.91 万元−18.52 万元×50% = 35.40 万元

5.3.4　工程竣工结算

工程竣工结算是指承包人按照合同规定完成所承包工程的全部内容，经验收质量合格，并符合合同要求之后，向发包人进行的最终工程价款结算。

竣工结算工程价款 = 合同价款 + 合同价款调整数额 − 预付及已结算工程价款 − 保修金

$$(5-23)$$

结算双方应按照合同价款及合同价款调整内容以及索赔事项，进行工程竣工结算。

1. 竣工结算的编制

工程竣工结算由承包人或受其委托具有相应资质的工程造价咨询人编制。

（1）工程结算编制的主要依据

综合《计价规范》和《建设项目工程结算编审规程》规定，工程竣工结算编制的主要依据包括以下内容：

① 国家有关法律、法规、规章制度和相关的司法解释。

② 建设工程工程量清单计价规范。

③ 施工承发包合同、专业分包合同及补充合同，有关材料、设备采购合同。

④ 招投标文件，包括招标答疑文件、投标承诺、中标报价书及其组成内容。

⑤ 工程竣工图或施工图、施工图会审记录，经批准的施工组织设计，以及设计变更、工程洽商和相关会议纪要。

⑥ 经批准的开、竣工报告或停、复工报告。

⑦ 双方确认的工程量。

⑧ 双方确认追加（减）的工程价款调整。

⑨ 其他依据。

（2）工程竣工结算的编制内容

采用工程量清单计价方式时，工程竣工结算的编制内容包括工程量清单计价表所包含的各项费用：

1）分部分项工程费：依据双方确认的工程量、合同约定的综合单价计算，如发生调整的，以发承包双方确认调整的综合单价计算。

2）措施项目费：依据合同约定的项目和金额计算，如发生调整的，以发承包双方确认调整的金额计算。

采用综合单价计价的措施项目，应依据发承包双方确认的工程量和综合单价计算。

明确采用"项"计价的措施项目，应依据合同约定的措施项目和金额或发承包双方确认调整后的措施项目费金额计算。

措施项目费中的安全文明施工费应按照国家或省级、行业建设主管部门的规定计算。施工过程中，国家或省级行政主管部门对安全文明施工费进行了调整的，措施项目费中的安全文明施工费应做相应调整。

3）其他项目费应按以下规定计算：

计日工的费用应按发包人实际签证确认的数量和合同约定的相应项目综合单价计算。

暂估价中的材料单价应按发承包双方最终确认价在综合单价中调整；专业工程暂估价应按中标价或发包人、承包人与分包人最终确认价计算。

总承包服务费应依据合同约定金额计算，如发生调整的，以发承包双方确认调整的金额计算。

索赔费用应依据发承包双方确认的索赔事项和金额计算。

现场签证费用应依据发承包双方签证资料确认的金额计算。

暂列金额应减去工程价款调整与索赔、现场签证金额计算，如有余额归发包人。

4）规费和税金应按照国家或省级、行业建设主管部门对规费和税金的计取标准计算。

2. 工程竣工结算的程序

（1）承包人递交竣工结算书

承包人应在合同规定时间内编制完竣工结算书，并在提交竣工验收报告的同时递交发包人。

承包人未在规定的时间内提交竣工结算文件，经发包人催告后14天内仍未提交或没有明确答复的，发包人有权根据已有资料编制竣工结算文件，作为办理竣工结算和支付结算款的依据，承包人应予以认可。

（2）发包人进行核对

发包人在收到承包人递交的竣工结算书后，应按合同约定时间核对。

发包人应在收到承包人提交的竣工结算文件后的28天内核对。发包人经核实，认为承包人还应进一步补充资料和修改结算文件的，应在上述时限内向承包人提出核实意见，承包人在收到核实意见后的28天内按照发包人提出的合理要求补充资料，修改竣工结算文件，并再次提交给发包人复核后批准。

发包人应在收到承包人再次提交的竣工结算文件后的28天内予以复核，并将复核结果通知承包人。

发包人、承包人对复核结果无异议的，应在7天内在竣工结算文件上签字确认，竣工结算办理完毕。

发包人或承包人对复核结果认为有误的，无异议部分办理不完全竣工结算；有异议部分由发包人和承包人协商解决，协商不成的，按照合同约定的争议解决方式处理。

发包人在收到承包人竣工结算文件后的28天内，不核对竣工结算或未提出核对意见的，视为承包人提交的竣工结算文件已被发包人认可，竣工结算办理完毕。

承包人在收到发包人提出的核实意见后的28天内，不确认也未提出异议的，视为发包人提出的核实意见已被承包人认可，竣工结算办理完毕。

（3）工程造价咨询人代表发包人核对

发包人委托工程造价咨询人核对竣工结算的，工程造价咨询人应在28天内核对完毕，核对结论与承包人竣工结算文件不一致的，应提交承包人复核，承包人应在14天内将同意核对结论或不同意见的说明提交工程造价咨询人。工程造价咨询人收到承包人提出的异议后，应再次复核，复核无异议的办理竣工结算手续，复核后仍有异议的，无异议部分办理竣工结算，有异议部分双方协商解决，仍未达成一致意见，按合同约定争议解决方式处理。

承包人逾期未提出书面异议，视为工程造价咨询人核对的竣工结算文件已经承包人认可。

3. 工程价款结算争议处理

在工程计价中，对工程造价计价依据、办法以及相关政策规定发生争议事项的，由工程造价管理机构负责解释。

工程造价咨询机构接受发包人或承包人委托，编审工程竣工结算，应按合同约定和实际履约事项认真办理，出具的竣工结算报告经发承包双方签字后生效。同一工程竣工结算核对完成，发承包双方签字确认后，禁止发包人又要求承包人与另一个或多个工程造价咨询人重复核对竣工结算。

发包人对工程质量有异议，拒绝办理工程竣工结算的，已竣工验收或已竣工未验收但实际投入使用的工程，其质量争议按该工程保修合同执行，竣工结算按合同约定办理；已竣工未验收且未实际投入使用的工程以及停工、停建工程的质量争议，双方应就有争议的部分委托有资质的检测鉴定机构进行检测，根据检测结果确定解决方案，或按工程质量监督机构的处理决定执行后办理竣工结算，无争议部分的竣工结算按合同约定办理。

发承包双方发生工程造价合同纠纷时，应通过下列办法解决：

1）双方协商。
2）提请调解，工程造价管理机构负责调解工程造价问题。
3）按合同约定向仲裁机构申请仲裁或向人民法院起诉。

4. 结算款支付

（1）签发竣工结算支付证书

承包人应根据办理的竣工结算文件，向发包人提交竣工结算款支付申请。该申请应包括下列内容：竣工结算合同价款总额；累计已实际支付的合同价款；应扣留的质量保证金；实际应支付的竣工结算款金额。

发包人应在收到承包人提交竣工结算款支付申请后 7 天内予以核实，向承包人签发竣工结算支付证书。

（2）支付

发包人签发竣工结算支付证书后的 14 天内，按照竣工结算支付证书列明的金额向承包人支付结算款。

发包人在收到承包人提交的竣工结算款支付申请后 7 天内不予核实，不向承包人签发竣工结算支付证书的，视为承包人的竣工结算款支付申请已被发包人认可；发包人应在收到承包人提交的竣工结算款支付申请 7 天后的 14 天内，按照承包人提交的竣工结算款支付申请列明的金额向承包人支付结算款。

发包人未按时支付竣工结算款的，承包人催告发包人支付并有权获得延迟支付的利息。发包人在竣工结算支付证书签发后或者在收到承包人提交的竣工结算款支付申请 7 天后的 56 天内仍未支付的，除法律另有规定外，承包人可与发包人协商将该工程折价，也可直接向人民法院申请将该工程依法拍卖。承包人就该工程折价或拍卖的价款优先受偿。

5. 质量保证金与最终结清

（1）质量保证金

发包人应按照合同约定的质量保证金比例从结算款中扣留质量保证金。

承包人未按照合同约定履行属于自身责任的工程缺陷修复义务的，发包人有权从质量保证金中扣留用于缺陷修复的各项支出。若经查验，工程缺陷属于发包人原因造成的，应由发包人承担查验和缺陷修复的费用。

在合同约定的缺陷责任期终止后的 14 天内，发包人应将剩余的质量保证金返还承包人。剩余质量保证金的返还，并不能免除承包人按照合同约定应承担的质量保修责任和应履行的质量保修义务。

（2）最终结清

缺陷责任期终止后，承包人应按照合同约定向发包人提交最终结清支付申请。发包人对最终结清支付申请有异议的，有权要求承包人进行修正和提供补充资料。承包人修正后，应再次向发包人提交修正后的最终结清支付申请。

发包人应在收到最终结清支付申请后的 14 天内予以核实，向承包人签发最终结清证书。

发包人应在签发最终结清支付证书后的 14 天内，按照最终结清支付证书列明的金额向承包人支付最终结清款。

若发包人未在约定的时间内核实，又未提出具体意见的，视为承包人提交的最终结清支付申请已被发包人认可。

5.4　本章小结

本章对建设项目施工阶段影响工程造价的因素、施工结算工程造价管理的工作内容、管理措施进行了总结。在此基础上，详细讲解了施工阶段工程造价管理的两个关键点：合同价款的调整和工程价款结算。

《计价规范》将 15 项合同价款调整因素分为五大类：法规变化类、工程变更类、物价变化类、工程索赔类和其他类。正确处理合同价款调整，需要依据合同约定，熟悉《计价规范》的规定，分清类别，在实践中不断积累经验。

工程价款的结算，除了需要考虑价款调整，还需要注意预付款的回扣、安全文明施工费的支付、质保金的扣留。

第 **6** 章

竣工阶段工程造价管理

竣工阶段工程造价管理是建设项目全过程造价管理的最后一个环节，是全面考核建设工作，审查投资使用合理性，检查工程造价管理情况，投资成果转入生产或使用的标志性阶段。竣工阶段的主要工作内容有竣工结算和竣工决算。

竣工结算是承包人按照合同规定的内容全部完成所承包的工程，经验收质量合格，并符合合同要求之后，向建设单位进行的最终工程款结算。经审查的竣工结算是核定建设工程造价的依据，也是建设项目竣工验收后编制竣工决算和核定新增固定资产价值的依据。

竣工决算是建设单位编制的反映建设项目实际造价和投资效果的文件，是竣工验收报告的重要组成部分。

竣工阶段与工程造价的关系体现在以下几个方面：

1）竣工阶段的竣工验收、竣工结算和决算不仅直接关系到发包人与承包人的利益，也关系到项目工程造价的实际结果。

2）竣工结算反映工程项目施工阶段的实际价格，能体现工程造价系统管理的效果。同时，要把好全过程造价管理的最后一道关——严把审核关。实践证明，通过对工程项目结算的审查，一般情况下，经审查的工程结算较编制的工程结算的工程造价资金相差率在10%左右，对管理投入、节约资金起到很重要的作用。

3）竣工决算是建设成果和财务的综合反映。它包括项目从筹建到建成投产或使用的全部费用。根据国家基本建设投资的规定，在批准基本建设项目计划任务时，可依据投资估算来估计基本建设计划投资源。在确定基本建设项目设计方案时，可依据设计概算决定建设项目计划总投资最高数额。在施工图设计时，可编制施工图预算，用以确定单项工程或单位工程的计划价格，同时规定其不得超过相应的设计概算。因此，竣工决算能反映固定资产计划完成情况以及节约或超支原因，从而管理工程造价。

竣工结算是建设项目狭义工程造价的实际金额的确定，也是竣工决算（广义工程造价）的主要依据之一。无论是发包人还是承包人，都十分重视竣工结算。

6.2 竣工阶段工程造价管理关键点———竣工结算的编制与审核

6.2.1 竣工结算的编制依据

工程竣工结算由承包人或受其委托具有相应资质的工程造价咨询人编制，由建设方或受其委托具有相应资质的工程造价咨询人核对。工程竣工结算编制的主要依据如下：

1) 国家有关法律、法规、规章制度和相关的司法解释。

2) 国务院建设主管部门以及各省、自治区、直辖市和有关部门发布的工程造价计价标准、计价方法、有关规定及相关解释。

3)《建设工程工程量清单计价规范》（GB 50500）。

4) 施工承发包合同、专业分包合同及补充合同，有关材料、设备采购合同。

5) 招标投标文件，包括招标答疑文件、投标承诺、中标报价书及其组成内容。

6) 工程竣工图或施工图、施工图会审记录，经批准的施工组织设计以及设计变更和相关会议记录。

7) 经批准的开、竣工报告或停、复工报告。

8) 发承包双方实施过程中已确认的工程量及其结算的合同价款。

9) 发承包双方实施过程已确认调整后追加（减）的合同价款。

10) 其他依据。

6.2.2 竣工结算的编制程序

1. 承包人提交竣工结算文件

合同工程完工后，承包人应在经发承包双方确认的合同工程期中价款核算的基础上汇总编制完成竣工结算文件，并在提交竣工验收申请的同时向建设方提交竣工结算文件。

承包人未在合同约定的时间内提交竣工结算文件，经建设方催告后 14 天内仍未提交或没有明确回答，建设方有权根据已有资料编制竣工结算文件，作为办理竣工结算和支付结算款的依据，承包人应予以认可。

2. 建设方核对竣工结算文件

1) 建设方应在收到承包人提交的竣工结算 28 天内核算。建设方经核实，认为承包人还应进一步补充资料和修改结算文件，应在 28 天内向承包人提出核实意见，承包人在收到核实意见后的 28 天内按照建设方提出的合理要求补充资料，修改竣工结算文件，并再次提交建设方复核。

2) 建设方应在收到承包人再次提交的竣工结算文件后 28 天内予以复核，并将复核结果通知承包人。如果建设方、承包人对复核结果无异议，应在 7 天内在竣工结算文件上签字确认，竣工结算办理完毕；如果建设方或承包人认为核算结果有误，无异议部分办理不完全竣工结算，有异议部分由发承包双方协商解决，协商不成的，按照合同约定的争议解决方式解决。

3) 建设方在收到承包人竣工结算文件后 28 天内，不核对竣工结算或未提出核对意见的，视为承包人提交的竣工结算文件已被建设方认可，竣工结算办理完毕。

4）承包人在收到建设方提出的核算意见后28天内，不确认也未提出异议的，视为建设方提出的核算意见已被承包人认可，竣工结算办理完毕。

3. 建设方委托工程造价咨询机构核对竣工结算文件

建设方委托工程造价咨询机构核对竣工结算的，工程造价咨询机构应在28天内核对完毕，核对结论与承包人竣工结算文件不一致的，应提交承包人复核，承包人应在28天内核算完毕，核对结论与承包人竣工结算文件不一致的，应提交给承包人复核，承包人应在14天内将同意核对结论或不同意见的说明提交工程造价咨询机构。工程造价咨询机构收到承包人提出的异议后，应再次复核，复核无异议的，发承包双方应在7天内在竣工结算文件上签字，竣工结算办理完毕；复核后仍有异议的，对于无异议部分办理不完全竣工结算，对于有异议部分由发承包双方协商解决，协商不成的，按照合同约定的争议解决方式处理。

承包人逾期未提出书面异议的，视为工程造价咨询机构核对的竣工结算文件已经承包人认可。

4. 竣工结算文件的签认

1）拒绝签认的处理。对建设方或建设方委托的工程造价咨询人指派的专业人员与承包人指派的专业人员经核对后无异议并签名确认的竣工结算文件，除非发承包人能提出具体、详细的不同意见，发承包双方都应在竣工结算文件上签名确认。如其中一方拒不签认，按以下约定办理：

若建设方拒不签认，承包人可不提供竣工验收备案资料，并有权拒绝与建设方或其上级部门委托的工程造价咨询机构重新核对竣工结算文件。

若承包人拒不签认，建设方要求办理竣工验收备案，承包人不得拒绝提供竣工验收资料，否则，由此造成的损失，承包人承担连带责任。

2）不得重复核对。合同工程竣工结算核对完成，发承包双方签字确认后，禁止建设方再要求承包人与另一个或多个工程造价咨询人重复核对竣工结算。

5. 质量争议工程的竣工结算

建设方以对工程质量有异议，拒绝办理工程竣工结算的，应按以下约定办理：

已经竣工验收或已竣工未验收但实际投入使用的工程，其质量争议按该工程保修合同执行，竣工结算按合同约定办理。

已竣工未验收且未实际投入使用的工程以及停工、停建工程的质量争议，双方应就有争议的部分委托有资质的检测鉴定机构进行检测，根据检测结果确定方案，或按工程质量监督机构的处理决定执行后办理竣工结算，无争议部分的竣工结算按合同约定办理。

6.2.3 竣工结算的编制

工程竣工结算分为单位工程竣工结算、单项工程竣工结算和建设项目竣工总结算。其中，单位工程竣工结算和单项工程竣工结算也可看作是分阶段结算。单位工程竣工结算由承包人编制，建设方审查；实行总包的工程，由具体承包人编制，在总包人审查的基础上，建设方审查。单项工程竣工结算或建设项目竣工总结算由总（承）包人编制，建设方可直接进行审查，也可以委托具有相应资质的工程造价咨询机构进行审查。政府投资项目，由同级财政部门审查。单项工程竣工结算或建设项目竣工总结算经发承包人签字盖章后有效。承包人应在合同约定期限内完成项目竣工结算编制工作，未在规定期限内完成并且提不出正当理由延期的，责任自负。工程竣工结算的编制和审查见表 6-1。

表 6-1　工程竣工结算的编制和审查

分　　类	编　制　人	审　　查
单位工程竣工结算	承包人	建设方
	总包工程，具体承包人	在总承包商审查的基础上建设方审查
单项工程或建设项目 竣工总结算	总（承）包人	建设方或委托造价咨询机构审查 政府投资项目，由同级财政部门审查，经发承包方签字盖章后有效

时限要求：承包人应在约定期限内完成编制工作，未完成的且提不出正当理由延期的，责任自负

1. 工程竣工结算的计价原则

在采用工程量清单计价的单价合同中，工程竣工结算的编制应当遵照以下计价原则：

1）分部分项工程和措施项目中的单价项目应依据双方确认的工程量与已标价工程量清单的综合单价计算；如发生调整的，以发承包双方确认调整的综合单价计算。

2）措施项目中的总价项目应依据合同约定的项目和金额计算；如发生调整的，以发承包双方确认调整的金额计算，其中安全文明施工费必须按照国家或省级、行业建设主管部门的规定计算。

3）其他项目应按下列规定计价：

① 计日工应按建设方实际签证确认的事项计算。

② 暂估价应由发承包双方按照《建设工程工程量清单计价规范》（GB 50500）的相关规定计算。

③ 总承包服务费应依据合同约定金额计算，如发生调整的，以发承包双方确认调整的金额计算。

④ 施工索赔费用应依据发承包双方确认的索赔事项和金额计算。

⑤ 现场签证费用应依据发承包双方签证资料确认的金额计算。

⑥ 暂列金额应减去工程价款调整（包括索赔、现场签证）金额计算，如有余额归建设方。

4）规费和税金应按照国家或省级、行业建设主管部门的规定计算。规费中的工程排污费应按工程所在地环境保护部门规定标准缴纳后按实列入。

另外，发承包双方在合同工程实施过程中已经确认的工程计量结果和合同价款，在办理竣工结算中应直接进入结算。

2. 质量争议工程的竣工结算

建设方以对工程质量有异议，拒绝办理工程竣工结算的：

1）已经竣工验收或已竣工未验收但实际投入使用的工程，其质量争议按该工程保修合同执行，竣工结算按合同约定办理。

2）已经竣工未验收且未实际投入使用的工程以及停工、停建工程的质量争议，双方应就有争议的部分委托有资质的检测鉴定机构进行检测，根据检测结果确定解决方案，或按工程质量监督机构的处理决定执行后办理竣工结算，无争议部分的竣工结算按合同约定办理。

6.2.4 竣工结算的审核

工程竣工结算审核是工程造价合理确定的依据，无论是承包人还是建设方都十分重视结算审核。工程竣工结算审核是整个建筑市场的"灵魂工程"，是建设项目投资控制的最后关口，同时也是重要环节之一。如果没有把好竣工结算审核这道关，那么整个项目的工程造价控制都将失去意义。因此，建设方选择的工程造价咨询单位在进行工程竣工结算审核过程中，应遵循公正、公平、公开的原则，依据现行的法律、法规、规章、规范性文件及行业规定和相应的标准、规范、技术文件要求，对竣工结算进行严格的、实事求是的审核，使项目工程造价控制在合理的范围内。

建设方只有充分利用自身在项目建设及投资控制中的主导地位，以主动控制为前提，以设计阶段控制为关键，以项目实施和结算审核为重点，对项目投资进行全过程的控制，才能更有效、合理地节约建设资金。

在进行竣工结算时，要注意如下事项：

1. 项目有关资料的收集整理工作

完整的结算资料是结算审核的基础，做好各种资料的收集整理工作是做好工程竣工结算的基础。应收集的资料有：项目立项批文和资金落实批复文件、工程招标文件、中标通知书、工程投标文件、建设工程施工合同或补充协议、图纸会审记录、地质勘查资料、建设工程施工图、竣工图、设计变更通知单、隐蔽工程验收记录、会议纪要、现场签证、索赔文件等。其中，竣工图是工程在交付过程中使用的实样图，当工程出现变化但是变化不大时，可在图中直接标注，不必重新绘制，而且竣工图在绘制完成之后必须找建筑的监理人签字盖章。竣工图是其他竣工资料的重点资料，可以如实反映施工的实际情况。设计出现变更也要由原设计单位下达，设计人签字盖章，而且对于不影响工程结构的室内外局部改变也属于设计变更，在建设单位负责人以及设计人员签字之后才能生效。

在实际工作中，经常由于送审的资料不完整，造成审核工作被迫中断，等待补充有关资料。在审核前，最好将需要报送的资料列出清单给报送单位，做好送审资料的自查工作。

2. 合同条款的审核

在工程竣工后，要审核竣工工程是否完全符合合同的要求，竣工后的验收是否合格，只有按照合同要求完成工程并且进行合格验收的工程，才能进入竣工结算阶段。之后，要用合同中要求的竣工结算方式进行结算，对竣工结算项目进行逐一审核，如果发现问题，必须由建设方和承包人进行协调，认真研讨，明确最终要求。

3. 设计变更、现场签证、索赔的审核

设计变更、现场签证、索赔是工程结算的重要依据。对设计变更、现场签证、索赔的审核，要求结合专业技术知识，检查变更的完整性、规范性、必要性、合理性。

4. 深入现场，核算工程量

竣工结算正式核算前，应进行实地勘查，真实记录现场情况，清楚施工现场情况。在审查的过程中，要注意一些比较容易出差错的地方，如柱、梁、板交叉的地方，以及圈梁重叠部位等。必要时，工程量可以进行现场核对，确定相关资料的准确性。在核查时，要认真查看施工记录、变更记录、验收记录等，依据计量规则对工程量进行严格核算，甚至可以开挖核验隐蔽工程，一定要实事求是地进行核算工作。

5. 主要材料、设备价格的审核

材料和设备价格是影响结算造价的关键因素。由于工程使用的材料、设备种类繁多，信息价不可能面面俱到，市场价的确定需要认质认价或市场询价。适时进行市场调查、跟踪，开发和建立设备材料价格数据库，是确定造价中材料、设备价格的有效路径。

6.3　竣工阶段工程造价管理关键点二——质量保证金

6.3.1　质量保证金的扣留

质量保证金的扣留有以下三种方式：

1）在支付工程进度款时逐次扣留。在此情形下，质量保证金的计算基数不包括预付款的支付、扣回以及价格调整的金额。

2）工程竣工结算时一次性扣留质量保证金。

3）双方约定的其他扣留方式。

工程实践中，一般采用第 1 种方式扣留质量保证金，详见 5.3.3 中的实例分析。

建设方累计扣留的质量保证金不得超过工程价款结算总额的 3%。如承包人在建设方签发竣工付款证书后 28 天内提交质量保证金保函，建设方应同时退还扣留的作为质量保证金的工程价款；保函金额不得超过工程价款结算总额的 3%。

建设方在退还质量保证金的同时，按照中国人民银行发布的同期同类贷款基准利率支付利息。

6.3.2　质量保证金的退还

缺陷责任期内，承包人认真履行合同约定的责任，到期后，承包人可向建设方申请返还保证金。

承包人应在缺陷责任期终止证书颁发后 7 天内，向建设方提交最终结清申请单，并提供相关证明材料。除专用合同条款另有约定外，最终结清申请单应列明质量保证金、应扣除的质量保证金、缺陷责任期内发生的增减费用。

建设方在接到承包人返还保证金申请后，应于 14 天内会同承包人按照合同约定的内容进行核实。如无异议，建设方应当按照约定将保证金返还承包人。对返还期限没有约定或者约定不明确的，建设方应当在核实后 14 天内将保证金返还承包人，逾期未返还的，依法承担违约责任。建设方在接到承包人返还保证金申请后 14 天内不予答复，经催告后 14 天内仍不予答复，视同认可承包人的返还保证金申请。

6.3.3　质量保证金与缺陷责任期

质量保证金是承包人用于保证其在缺陷责任期内履行缺陷修补义务的担保。

缺陷责任期从工程通过竣工验收之日计算，合同当事人应在专用合同条款约定缺陷责任期的具体期限，但该期限最长不超过 24 个月。

单位工程先于全部工程进行验收，经验收合格并交付使用的，该单位工程缺陷责任期自单位工程验收合格之日起算。因承包人原因导致工程无法按合同约定期限进行竣工验收的，缺陷责任期从实际通过竣工验收之日计算。因建设方原因导致工程无法按合同约定期限进行竣工验收的，在承包人提交竣工验收报告 90 天后，工程自动进入缺陷责任期；建设方未经竣工验收擅自使用工程的，缺陷责任期自工程转移占有之日开始计算。

缺陷责任期内，因承包人原因造成的缺陷，承包人应负责维修，并承担鉴定及维修费用。如承包人不维修也不承担费用，建设方可按合同约定从保证金或银行保函中扣除，费用超出保证金额的，建设方可按合同约定向承包人索赔。承包人维修并承担相应费用后，不免除对工程的损失赔偿责任。建设方有权要求承包人延长缺陷责任期，并应在原缺陷责任期届满前发出延长通知。但缺陷责任期（含延长部分）最长不能超过 24 个月。

因他人原因造成的缺陷，建设方负责组织维修，承包人不承担费用，且建设方不得从保证金中扣除费用。

任何一项缺陷或损坏修复后，经检查证明其影响了工程或工程设备的使用性能时，承包人应重新进行合同约定的试验和试运行，试验和试运行的全部费用应由责任方承担。

除专用合同条款另有约定外，承包人应于缺陷责任期届满后 7 天内向建设方发出缺陷责任期届满通知，建设方应在收到缺陷责任期满通知后 14 天内核实承包人是否履行缺陷修复义务，承包人未能履行缺陷修复义务的，建设方有权扣除相应金额的维修费用。建设方应在收到缺陷责任期届满通知后 14 天内，向承包人颁发缺陷责任期终止证书。

6.3.4 保修费用与工程保修期

工程保修期从工程竣工验收合格之日起算，具体分部分项工程的保修期由合同当事人在专用合同条款中约定，但不得低于法定最低保修年限。在工程保修期内，承包人应当根据有关法律规定以及合同约定承担保修责任。

建设方未经竣工验收擅自使用工程的，保修期自转移占有之日起算。

保修期内，修复的费用按照以下约定处理：

1）保修期内，因承包人原因造成工程的缺陷、损坏，承包人应负责修复，并承担修复的费用以及因工程的缺陷、损坏造成的人身伤害和财产损失。

2）保修期内，因建设方使用不当造成工程的缺陷、损坏，可以委托承包人修复，但建设方应承担修复的费用，并支付承包人合理利润。

3）因其他原因造成工程的缺陷、损坏，可以委托承包人修复，建设方应承担修复的费用，并支付承包人合理的利润，因工程的缺陷、损坏造成的人身伤害和财产损失由责任方承担。

因承包人原因造成工程的缺陷或损坏，承包人拒绝维修或未能在合理期限内修复缺陷或损坏，且经建设方书面催告后仍未修复的，建设方有权自行修复或委托第三方修复，所需费用由承包人承担；但修复范围超出缺陷或损坏范围的，超出范围部分的修复费用由建设方承担。

6.3.5 缺陷责任期与保修期的区别

缺陷责任期是指承包人按照合同约定承担缺陷修复义务，且建设方预留质量保证金（已缴纳履约保证金的除外）的期限，自工程实际竣工日期计算。保修期是指承包人按照合同约定对工程承担保修责任的期限，从工程竣工验收合格之日计算。二者的区别有以下几点：

1. 起算点的不同

《建设工程质量管理条例》第四十条规定，建设工程的保修期，自竣工验收合格之日起计算。《建设工程质量保证金管理暂行办法》第八条规定，缺陷责任期从工程通过竣工验收之日起计。由于承包人原因导致工程无法按规定期限进行竣工验收的，缺陷责任期从实际通过竣工验收之日起计。由于发包人（建设方）原因导致工程无法按规定期限进行竣工验收的，在承包人提交竣工验收报告 90 天后，工程自动进入缺陷责任期。换言之，缺陷责任期未必从通过竣工验收之日起算，也有可能从承包人提交竣工报告 90 天后起算。

2. 法定与约定的不同

《建设工程质量管理条例》属于行政法规，这是一种强制性规定，其规定的建设工程最低保修期限，建设工程的承包人必须严格遵守。《建设工程质量保证金管理暂行办法》不属于法律法规，缺陷责任的期限可由双方约定。

3. 是否竣工验收的不同

《建设工程质量管理条例》第四十条指出，建设工程的保修期，自竣工验收合格之日起计算。换言之，建设工程竣工验收合格是质量保修期开始的先决条件，若建设工程未通过竣工验收，自然谈不上质量保修期。而根据上述《建设工程质量保证金管理暂行办法》第八条的规定，建设工程竣工验收并非缺陷责任期开始的先决条件。

4. 维修期限的不同

《建设工程质量管理条例》第四十条指出，在正常使用条件下，建设工程的最低保修期限为：

1) 基础设施工程、房屋建筑的地基基础工程和主体结构工程，为设计文件规定的该工程的合理使用年限。

2) 屋面防水工程、有防水要求的卫生间、房间和外墙面的防渗漏，为 5 年。

3) 供热与供冷系统，为 2 个采暖期、供冷期。

4) 电气管线、给水排水管道、设备安装和装修工程，为 2 年。

其他项目的保修期限由发包人与承包人约定。上述前四项年限的规定为最低标准，发承包双方可根据实际情况，约定严于最低标准的年限。若双方不约定，则遵守法定的最低年限标准。

《建设工程质量保证金管理暂行办法》第二条指出，缺陷责任期一般为 6 个月、12 个月或 24 个月，具体可由发承包双方在合同中约定。若发承包双方在合同中未约定缺陷责任期，则无缺陷责任期可言。

5. 与质量保证金的关系不同

工程质量保证金是发承包双方在施工合同中约定，按一定比例从应支付承包人的工程款中预先扣留的，用以保证在缺陷责任期内承包人对工程出现的质量缺陷进行修复的资金。在缺陷责任期内，承包人应负责维修自身原因造成的工程质量缺陷，并承担相应的费用。如果承包人既不维修也不承担费用，建设方不但可以按照合同约定从质量保证金中扣除相应的费用，还可以要求承包人承担违约责任。承包人维修并承担了相应费用后，建设方仍可追究其对工程造成的一般损失所应当承担的赔偿责任。在缺陷责任期内，承包人按合同约定履行义务，缺陷责任期满后，建设方应向承包人退还剩余的质量保证金。由此可以看出，缺陷责任期和工程质量保证金之间有着密切的联系，缺陷责任期实质上是发承包双方对质量保证金的预留约定的一个期限。而工程保修期和工程质量保证金之间则没有必然的联系，缺陷责任期届满后的保修期内的修复及修复费用依靠的是合同、法律法规的约束。

6.4 本章小结

竣工阶段工程造价管理是建设项目全过程造价管理的最后一个环节，是全面考核建设工作，审查投资使用合理性，检查工程造价管理情况，投资成果转入生产或使用的标志性阶段。

本章在介绍工程竣工验收阶段竣工结算的概念、编制依据、编制程序的基础上，对竣工结算的编制和审核及质量保证金的扣留及退还两个竣工阶段工程造价管理关键点进行了详细阐述，并对质量保证金、缺陷责任期和保修期进行了对比。

建设方和承包人可以通过竣工结算判定各自施工阶段工程造价管理的成效；竣工决算则可以判定建设方投资控制的目标是否实现。

第7章
工程总承包模式下的全过程造价管理

《中共中央 国务院关于进一步加强城市规划建设管理工作的若干意见》（中发〔2016〕6 号）明确指出，建筑业需要深化建设项目组织实施方式改革，推广工程总承包制，加强建筑市场监管，严厉查处转包和违法分包等行为，推进建筑市场诚信体系建设。同时，《关于进一步推行工程总承包发展的若干意见》（建市〔2016〕93 号）和《关于征求房屋建筑和市政基础设施项目工程总承包管理办法（征求意见稿）》（建市设函〔2017〕65 号）对建设单位项目管理提出的要求中，都明确提到建设单位应当加强工程总承包项目全过程管理。

2017 年，《国务院办公厅关于促进建筑业持续健康发展的意见》（国办发〔2017〕19 号）的出台，加快推行我国工程总承包的发展。文件指出，装配式建筑原则上应采用工程总承包模式。工程建设行业改革进入新时代，全过程造价咨询和工程总承包模式作为应对国际工程新形势和供给侧结构性改革的新要求，是培育与国际接轨工程企业、培养具有国际视野工程人才的必由之路。同年，《住房城乡建设部建筑市场监管司 2017 年工作要点》指出，贯彻落实《关于进一步推进工程总承包发展的若干意见》，完善与工程总承包相适应的招标投标、施工许可、专业业务直接发包等制度，优化监管流程；研究修订工程总承包合同示范文本，明确工程总承包的合同权利和责任；扩大工程总承包试点范围，指导地方积极推进工程总承包的发展，培育工程总承包骨干企业，推广工程总承包制。

《房屋建筑和市政基础设施项目工程总承包管理办法》对工程总承包的界定为：承包单位按照与建设单位签订的合同，对工程设计、采购、施工或者设计、施工等阶段实行总承包，并对工程的质量、安全、工期和造价等全面负责的工程建设组织实施方式。

工程总承包是项目建设方为实现项目目标而采取的一种承发包模式，即从事工程项目建设的单位受建设方委托，按照合同约定对从决策、设计到试运行的建设项目发展周期实行全过程或若干阶段的承包。只有所承包的任务中同时包含发展周期中的两项或两项以上，才能称之为工程总承包。

工程总承包模式起源于欧洲，是为解决设计与施工分离的问题而产生的一种新模式。真正意义上的工程总承包模式（设计-施工总承包模式）产生于 20 个世纪 60 年代，主要是在英国，市场的需求以及总承包环境的成熟共同推动其发展。我国的工程总承包模式始于 20 世纪 80 年代，相比英美等发达国家较晚。现阶段我国工程总承包模式实践现状可描述为：加速推进但仍未全面铺开，有所实践但缺乏规范，以设计为主导或施工为主导的两大类总承包模式并行发展。

7.1 国际工程总承包的分类

1. 按过程内容分类

（1）EPC模式/交钥匙总承包

设计–采购–施工（Engineering Procurement Construction，EPC）总承包是指工程总承包企业按照合同约定，承担工程项目的设计、采购、施工、试运行服务等工作，并对承包工程的质量、安全、工期、造价全面负责，是我国目前推行总承包模式中最主要的一种。

交钥匙总承包是EPC总承包业务和责任的延伸，最终是向建设方提交一个满足使用功能、具备使用条件的工程项目。

（2）EPCM模式

设计–采购–施工管理（Engineering Procurement and Construction Management，EPCM）总承包是国际建筑市场较为通行的项目支付与管理模式之一，也是我国目前推行总承包模式中的一种。EPCM承包人是通过建设方委托或招标确定的，承包人与建设方直接签订合同，对工程的设计、材料设备供应、施工管理全面负责。根据建设方提出的投资意图和要求，通过招标为建设方选择、推荐最合适的分包商来完成设计、采购、施工等任务。设计、采购分包商对EPCM承包人负责，而施工分包商则不与EPCM承包人签订合同，但其接受EPCM承包人的管理，施工分包商直接与建设方签订合同。因此，EPCM承包人无须承担施工合同风险和经济风险。当EPCM总承包模式实施一次性总报价方式支付时，EPCM承包人的经济风险被控制在一定的范围内，获利较为稳定。

（3）EC模式

设计–施工（Engineering Construction，EC）总承包是指工程总承包企业按照合同约定，承担工程项目的设计和施工，并对承包工程的质量、安全、工期、造价全面负责。

（4）其他模式

根据工程项目的不同规模、类型和建设方要求，工程总承包还可采用设计–采购（Engineering Procurement，EP）总承包、采购–施工（Procurement Construction）总承包等模式。

2. 按融资运营分类

（1）BOT模式

BOT（Build–Operation–Transfer）即建设–经营–移交，指一国政府或其授权的政府部门经过一定程序并签订特许协议，将专属国家的特定基础设施、公用事业或工业项目的筹资、投资、建设、营运、管理和使用的权利在一定时期内赋予本国或（和）外国民间企业，政府保留该项目、设施以及其相关的自然资源永久所有权；由民间企业建立项目公司并按照政府与项目公司签订的特许协议投资、开发、建设、营运和管理特许项目，以营运所得清偿项目债务、收回投资、获得利润，在特许权期限届满时将该项目、设施无偿移交给政府。BOT模式又被称为"暂时私有化"（Temporary Privatization）过程。国家体育馆、国家会议中心、位于五棵松的北京奥林匹克篮球馆等项目就是采用的BOT模式，由政府对项目建设、经营提供特许权协议，投资者需全部承担项目的设计、投资、建设和运营，在有限时间内获得商业利润，期满后需将场馆交付政府。

（2）BT 模式

BT（Build-Transfer）即建设–移交，是政府或开发商利用承包人的资金进行融资建设项目的一种模式。项目的建设通过项目公司总承包，融资、建设、验收合格后移交给建设方，建设方向投资方支付项目总投资加上合理回报。

（3）其他模式

BOT 或 BT 还可演化为下列模式：

1）BOO（Build-Own-Operate），即建设–拥有–经营。项目一旦建成，项目公司对其拥有所有权，当地政府只是购买项目服务。

2）BOOT（Build-Own-Operate-Transfer），即建设–拥有–经营–转让。项目公司对所建项目设施拥有所有权并负责经营，经过一定期限后，再将该项目移交给政府。

3）BLT（Build-Lease-Transfer），即建设–租赁–转让。项目完工后一定期限内出租给第三者，以租赁分期付款方式收回工程投资和运营收益，经过一定期限后，再将所有权转让给政府。

4）BTO（Build-Transfer-Operate），即建设–转让–经营。项目的公共性很强，不宜让私营企业在运营期间享有所有权，须在项目完工后转让所有权，其后再由项目公司进行维护经营。

5）ROT（Rehabilitate-Operate-Transfer），即修复–经营–转让。项目在使用后，发现损毁，项目公司对其进行修复，整顿恢复后，负责经营，经过一定期限后，再将项目移交给政府。

6）DBFO（Design-Build-Finance-Operate），即设计–建设–融资–经营。DBFO 这个术语是英国高速公路局提出的，用来描述依据私人主动融资模式制订的基于特许经营的公路计划。该模式的关键创新源于它不是传统的资本性资产采购，而是一种服务采购政策。该政策明确规定了服务结果和绩效标准。DBFO 合同具有下列特点：它是一份长期合同，合同期限一般为 25 年或 30 年；它对付款、服务标准和绩效评估做出了详细的规定，提供客观的方式依据绩效对采购的服务进行支付。

7）BST（Build-Subsidy-Transfer），即建设–补贴–转让。政府分期购买服务。例如，道路照明交由专业公司建设维护，政府每年比照正常路灯耗电量补贴其电费，一定期限后，专业公司将所有权转让给政府。

8）ROO（Rehabilitate-Own-Operate），即修复–拥有–经营。项目在使用后，发现损毁，项目公司对其进行修复后拥有所有权，当地政府只是购买项目服务。

7.2 我国的工程总承包实践

7.2.1 我国不同省（自治区、直辖市）的规定

工程总承包在哪一个阶段可以发包？目前我国各地大部分都确立了建设单位可以在可行性研究、方案设计或者初步设计三个阶段进行工程总承包项目的发包。全国（不含港澳台）不同省（自治区、直辖市）关于工程总承包的规定如下：

代表省（自治区、直辖市）有浙江、湖北、河南、广东、安徽、吉林、江西、四川、

北京。

　　未涉及省（自治区、直辖市）有甘肃、贵州、河北、辽宁、山西、云南、青海、黑龙江、内蒙古、宁夏、西藏、新疆、重庆。

　　此外，部分省（自治区、直辖市）有比较具体而特殊的规定，具体如下。

　　海南：工程总承包招标应于可行性研究报告批复后实施。

　　江苏：工程总承包应当优先选择在可行性研究完成后即开展工程总承包招标。可行性研究或者方案设计、初步设计应当履行审批手续的，经批准后方可进行下一阶段的工程总承包招标。

　　陕西：建设单位可根据项目特点，自行决定在可行性研究报告批复或者初步设计审批后，在项目范围、建设规模、建设标准、功能需求、投资限额、工程质量和进度要求确定后，采用工程总承包模式发包。

　　山东：装配式建筑工程总承包发包，可以采用以下方式实施：①项目审批、核准或者备案手续完成，其中政府投资项目的发包方式经项目审批部门审批，进行工程总承包发包；②方案设计或者初步设计完成，进行工程总承包发包。采用第一种方式发包的，工程项目的建设规模、建设标准、功能需求、技术标准、工艺路线、投资限额及主要设备规格等均应确定。

　　上海：2016年《上海市工程总承包试点项目管理办法》规定：①项目审批、核准或者备案手续完成；其中政府投资项目的工程可行性研究报告已获得批准，进行工程总承包发包；②初步设计文件获得批准或者总体设计文件通过审查，并已完成依法必须进行的勘察和设计招标，进行工程总承包发包。但2017年上海市《关于促进本市建筑业持续健康发展的实施意见》则指出："建设单位可在完成工程可行性研究报告或初步设计文件后进行工程总承包发包。"

　　福建（征求意见稿）：建设单位可以根据项目特点，自行决定在可行性研究报告批复或者初步设计审批后采用工程总承包模式发包。

　　湖南：建设单位在工程总承包前应组织设计企业编制初步设计文件，并将初步设计文件报相关部门审查，取得初步设计批准文件。房屋建筑和市政基础设施工程实行总承包方式招标的，应当先取得初步设计或方案设计批复文件。政府投资项目，应根据初步设计文件（或方案设计文件）编制工程概算，报发改、财政部门审核批准后方可进行工程总承包。

　　天津：项目依法履行审批制的，应在初步设计文件或总体设计文件获得批准后开展工程总承包招标。

　　广西：除有特殊工期要求的项目及部分重点项目外，工程总承包项目宜从方案设计批复后或初步设计批复后再进行工程总承包招标。

7.2.2　住房和城乡建设部的规定

　　《房屋建筑和市政基础设施项目工程总承包管理办法》（简称《总承包管理办法》）第三条规定工程总承包"是指承包单位按照与建设单位签订的合同，对工程设计、采购、施工或者设计、施工等阶段实行总承包，并对工程的质量、安全、工期和造价等全面负责的工程建设组织实施方式"。与《住房城乡建设部关于进一步推进工程总承包发展的若干意见》（建市〔2016〕93号）中主推EPC和DB的多种工程总承包模式并存的规定不同，《总承包管理办法》实质上已明确了未来认可的总承包模式只有 EPC 和 DB 两种。

此外，需要注意的是，《总承包管理办法》的适用范围为房屋建筑与市政基础设施项目的工程总承包活动，为交通、能源等其他行业主管部门的后续行业工程总承包政策制定留有余地。当然，在没有其他行业政策的情况下，参照《总承包管理办法》的规定对工程总承包模式进行限缩很可能是大势所趋。

对《总承包管理办法》及上述各地实践做法进行分析，发现：

1）《总承包管理办法》对政府投资项目的发包阶段做出了限缩规定：原则上应当在初步设计审批完成后进行工程总承包项目发包。

2）结合房屋建筑和市政基础设施项目的特征，社会资本运作的投资项目，工程总承包未做限定，可以理解为：可行性研究、方案设计或初步设计完成三个阶段期间均可以进行工程总承包发包。

3）目前，各地实践中对发包阶段和条件规定并不完全一致，通常在项目立项可行性研究报告批复或完成阶段、方案设计或初步设计审批三个阶段均允许采用工程总承包模式发包，但有些省份并不接受项目立项可行性研究报告批复或完成阶段的工程总承包发包。因此，在不违反《总承包管理办法》相关规定的情况下，工程总承包的地方实践需要注意地方差异。

7.3 工程总承包模式的优势分析

工程总承包模式将建设方项目管理的外部利益关系转化成总承包内部利益关系，实现了建设方与承包人项目管理的优势互补。其具体优势如下：

1. 有利于简化合同主体

工程总承包模式有利于理清工程建设中建设方与承包商、勘察设计与建设方、总包与分包、执法机构与市场主体之间的各种复杂关系。在工程总承包条件下，建设方选定总承包商后，勘察、设计、采购、工程分包等环节直接由总承包商确定实施，建设方不必再实行平行发包，避免了发包主体主次不分的混乱状态，也避免了执法机构在一个工程中要面对多个市场主体实施监管的复杂问题。

2. 有利于优化资源配置

工程总承包模式能够减少资源占用及管理成本，可以从两个层面予以体现：建设方摆脱了工程建设过程中的杂乱事务，避免了人员与资金的浪费；总承包商会主动协调设计、施工、采购等各阶段任务，减少信息孤岛，减少变更、争议、纠纷和索赔的耗费，优化实现资金、质量、进度、安全等项目管理目标。

3. 降低项目总体建设成本

工程总承包模式的总承包商具有优化方案与优化设计的自主动力，通过优化，减少因设计不合理导致的资源浪费，充分发挥了工程总承包商的主观能动性。此外，采购、施工管理人员在设计管理人员的帮助下制定施工方案，有利于降低采购、施工阶段的成本，而采购与施工之间的相互协调也有利于达到既满足技术要求又能节约投资的目的，并且最大限度地控制进度。并且，由于实行整体性发包，招标成本可以大幅度降低。

4. 有利于提高全面履约能力并确保质量和工期

工程总承包模式能够充分发挥大承包商所具有的较强技术力量、管理能力和丰富经验的优势。同时，由于各建设环节均置于总承包商的指挥下，因此各环节的综合协调余地大大增加，这对于确保项目质量和进度十分有利。

5. 有利于优化组织结构并形成规模经济

①能够重构工程总承包、施工承包、分包三大梯度塔式结构形态；②可以在组织形式上实现从单一型向综合型、现代开放型的转变，最终整合成资金、技术、管理密集型的大型企业集团；③便于扩大市场份额，有利于实行风险保障制度，唯有综合实力强的大型企业（总承包商）方易获得保证担保；④增强总承包商参与 BOT 的能力。

6. 有利于推动管理现代化

工程总承包模式作为协调中枢，必须建立信息共享平台，使各阶段工作实现电子化、信息化、自动化和规范化，从而提高企业（总承包商）的项目管理水平和效率，增强企业的承包竞争力。

7.4 工程总承包模式造价管理存在的问题

1. 建设方案不明确

目前采用工程总承包模式的项目，投资决策阶段大多数未进行详尽的初步设计，导致建设标准、建设内容、建设目标不够清晰，相应的投资估算也偏离实际。虽然一些项目在招标投标阶段采用了模拟工程量清单或者直接按投资估算填报下浮率，但是在造价管理方面仍存在诸多问题，不利于造价控制，结算时容易产生较多争议。

2. 选择承包人偏向于大型企业

目前建设行政主管部门虽然发布了工程总承包适用的招标文件、工程总承包管理规范、工程总承包合同示范文本等，为工程总承包在招标、实施管理等方面指明了方向，但是在实际运作过程中，仍然存在着竞争水平较低的情形。较多的工程总承包项目在招标投标阶段存在"提高资质等级、抬高竞争门槛、降低竞争水平"的现象，倾向于选择大型企业，由此导致工程价款的竞争范围较小。

3. 合同价款约定不完善

在实际工程总承包项目中，发包人往往是在批复的投资估算的基础上开始招标。承包人报价也基本采用两种方式：一种方式是在投资估算的基础上填报下浮率；另一种方式是针对发包人提供的模拟工程量清单填报综合单价。因投资决策阶段未进行深入的初步设计，导致建设过程中增加较多的工程内容，对新增内容的价款确定容易产生争议，这两种模式都难以准确控制工程造价。

4. 总承包协调管理不足

目前一些项目在实行工程总承包时，一般是勘察、设计、施工单位组成的联合体投标。承包人是勘察、设计、施工简单组合而成的，项目实施运作仍采用传统模式，各单位之间缺乏有效沟通、相互协作，造成了实施期间发生较多的变更、签证。承包人千方百计寻找借口将变更责任转嫁给建设方，导致办理竣工结算时发生较多争议。

5. 管理人员的造价管理意识不足

在现阶段，我国还存在总承包项目管理人员对工程造价管理的认识不够、成本意识不强的问题。在项目内部，施工技术人员只是负责技术及其质量，工程管理人员则是负责工程生产建设项目的进展情况，材料人员只是负责材料采购及其检验方面。其表面看似分工较为明确，但是其项目成本管理工作还需要靠大家一起控制。若从事技术方面的人员只是为了保证工程项目建设质量，而选择一些经济成本较高的施工方案，势必增加工程建设成本。

7.5　工程总承包下的全过程造价管理

在总承包模式下，建设方和总承包商都有全过程造价管理的需求。《工程造价咨询企业服务清单》（CCEA/GC 11—2019）中，技术经济类造价咨询服务就将全过程咨询区分为受建设单位委托和受总承包商委托两种业务类型。因此，总承包模式下的全过程造价管理往往通过委托专业的造价咨询企业予以实施。

7.5.1　全过程造价咨询的概念

《建设项目全过程造价咨询规程》（CCEA/GC 4—2017）中，全过程造价咨询的定义为：工程造价咨询企业接受委托，依据国家有关法律、法规和建设行政主管部门的有关规定，运用现代项目管理的方法，以工程造价管理为核心、合同管理为手段，对建设项目的各个阶段、各个环节进行计价，协助建设单位进行建设投资的合理筹措与投入，控制投资风险，实现造价控制目标的智力服务活动。该定义既显示出全过程造价咨询的核心是全过程造价管理，又表明了管控的手段和要点。

总承包模式下的全过程造价咨询具有如下特点：

（1）系统与协调性

全过程造价咨询业务涉及项目利益相关者众多，各个项目利益相关者之间具有利益相关性。在传统的发承包模式下，建设过程的割裂会严重影响全过程造价管理的集成性。在总承包模式下，建设方或总承包商会不由自主地将上下游建设阶段的造价管理予以衔接，有利于全过程造价咨询企业将众多利益相关者组成一个系统，进行全过程造价咨询业务的过程就成为一个系统运动的过程。全过程造价咨询企业的工作就转化为帮助委托方实现真正意义上的过程集成的全过程造价管理。

（2）创新性

由于全过程造价咨询业务具备项目的特征，因此，全过程造价咨询业务作为工程造价咨询公司所从事的一个项目，需要根据咨询委托方不同的服务内容、服务要求和服务条件提供定制性质的全过程造价管理服务。工程造价咨询公司需要充分发挥主观能动性，系统地分析政策法规、技术规范、自然条件、业务风险等因素，对全过程造价咨询业务进行有效的控制。全过程造价咨询业务流程对于工程造价咨询公司来说具有创新性。

（3）专业与经验性

总承包模式下的全过程造价咨询要求从事造价管理的造价人员具备综合专业能力，包括技术、法律、经济、管理等多方面的专业储备，对工程造价人员的专业性要求很高。同时，在咨询业务进行过程中，造价人员的类似项目经验对于造价管理的成效也具有相当大的作用。

7.5.2　工程总承包与全过程造价咨询相辅相成

随着我国建筑业的高速发展，全过程造价咨询和工程总承包模式作为应对国际工程新形势和供给侧结构性改革的新要求，二者相得益彰、相互补充。相较传统的承发包模式，工程总承包与全过程造价咨询的结合对于工程项目的全过程造价管理更加有效，能够实现真正集成的全过程造价管理。

1. 二者均指向工程建设的全过程或若干阶段

对于传统承发包模式而言，建设方将设计和施工分别发包，导致设计和施工分离。设计人员往往不具备专业的技术经验，而从事施工作业的人员往往也不具备设计经验，这就给建设工程项目的实施增加了很多困难，可能导致合同出现很多变更。另外，传统承发包模式下工程监理、造价咨询、项目管理都有着各自的分工和体系，难以实现项目建设为一体的管理服务模式。因此，在传统承发包模式下，面对复杂的合同关系以及众多不确定性因素，项目全过程造价管理的思想很难真正有效地实施，全过程造价咨询机构对项目建设的全过程造价管理会在不同阶段面对不同的参与方，项目全过程造价的控制达不到理想的效果。

相反，对于总承包模式而言，其工作包括可行性研究、勘察、设计、采购、施工、竣工等建设全过程的管理。在总承包模式下，承包人能够对项目进行整体规划与统一协调，有效避免了在项目实施过程中出现设计变更以及沟通协调不到位等问题。在工程总承包模式下，建设方通过委托全过程造价咨询机构对工程进行全过程造价管理，不仅使得工程总承包模式的"建设全过程承包"与全过程造价咨询的"全过程造价管理"相匹配，并且通过委托的方式对总承包商的建设全过程进行监督管理，有效解决了建设方因采用总承包模式而失去项目主导权的问题。

2. 二者结合有利于提高造价管理的质量与效率

工程总承包模式和全过程造价咨询均为政府投资工程所鼓励的管理模式。目前，我国建筑业仍处于"大而不强"阶段，企业核心竞争力不强、从业人员技能素质偏低等问题较为突出。开展全过程造价咨询和工程总承包有助于重新整合与分配市场资源，促进行业转型升级，培育企业核心竞争力；此外，推行全过程造价咨询和工程总承包有助于提升建筑设计水平和加快建筑业"走出去"，推动品牌创新，加快国内建设标准国际化，提升我国建设标准在国际上的地位和对外承包能力，培养国内企业走出国门实施海外 EPC 项目、打造"中国建造"品牌。近年来，国内工程造价领域面临深入融合的体制改革，国外先进的管理理念和方法也不断影响着国内造价咨询业，加上建设方逐渐意识到全过程投资控制的重要性，控制意愿和要求不断提高，更加促进了全过程造价咨询在建设工程项目全生命周期中的应用。

7.5.3　工程总承包下全过程造价管理的工作内容

在建设工程总承包模式下，造价管理贯穿于项目全过程。项目的全过程造价管理流程如图 7-1 所示，各个造价管理与控制环节环环相扣，不同阶段造价控制的关键点和效果是不一样的。造价咨询机构的全过程造价管理流程按照项目的决策阶段→交易阶段→设计阶段→施工阶段→竣工阶段的时间顺序，对建设项目进行相应的全过程造价管理。

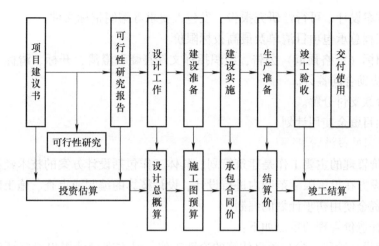

图 7-1 工程总承包项目全过程造价管理与控制流程

1. 工程项目的决策阶段

该阶段造价管理的主要工作是制定造价控制的实施方案。具体工作包括建设项目投资策划、可行性研究报告编制、建设项目投资估算、建设项目财务评价及决策阶段各项技术经济决策。该阶段对项目的工程造价有很大影响。

该阶段工程造价管理的重点如下：

1）为建设方选取最具经济效益的建设方案，提供决策性的咨询。

2）配合财务部或前期相关部门尽可能准确地计算出包含土地成本、前期规费、工程造价、资金成本及管理费用（含建设单位管理费、设计费、监理费）等可能发生的工程建设项目全过程费用。

3）在决策项目开展可行性研究之初，对拟建项目进行市场调查和预测分析。工程项目全过程造价管理对决策方案的选定、各项经济指标的拟定是进行项目决策的前提和基础。通过多方案比较，优选出最佳投资方案，对建设工程的造价及项目建成后的经济效益具有决定性的影响。

4）对拟建项目进行投资估算、资金筹措、风险分析、项目盈利能力及偿还能力分析，在经济上协助建设方对项目做出合理、准确的投资决策。

5）做好项目经济评价，主动发挥"经济参谋"的作用，让决策层事先了解完成该项目需策划的资金规模、估算投入、产出、经济效益，为建设方做好正确的投资决策服务。

2. 工程项目的交易阶段

该阶段造价管理的主要工作是帮助建设方确定总承包商，或帮助总承包商确定分包商。具体工作包括结合项目具体情况编制发包人要求、招标采购策划及合约规划、招标文件编制、招标过程管理。

该阶段工程造价管理的重点如下：

1）协助建设方确定具体的工程总承包模式，考察判定总承包商的信誉、人员素质、工程施工组织、质量保证措施等专业能力，协助建设方综合考虑确定总承包商。

2）协助委托方制订招标采购计划，充分了解委托方的要求，进行招标范围的界定，确定拟采用的合同形式和合同范本以及主要合同条款的拟定。

3）根据方案设计、可行性研究报告、发包人要求等编制招标文件。

4）编制工程总承包项目清单及最高投标限价。

5）发布招标（资格预审）公告，组织招标文件答疑和澄清、开标、清标、评标，发送中标通知书及协助合同签订。

6）合同价款支付分解。

7）编制项目资金使用计划。

3. 工程项目的设计阶段

该阶段造价管理的主要工作是建筑策划。具体工作包括设计方案的技术经济比选、价值分析、协助建设方在投资限额范围内进行设计、设计概算的编制或审查、施工图预算的编制或审查、项目资金使用初步计划的编制。

该阶段工程造价管理的重点如下：

1）在方案设计阶段，参与项目估算的论证工作，对方案设计提出投资评价意见。对设计文件与发包人要求的符合性进行审核。

2）在初步设计过程中，负责编制概算或重点参与概算造价的论证，进行概算与估算的偏差分析，对设计方案提出投资评价建议。

3）在施工图设计阶段及时计算、分析、对比各项技术经济指标，通过预算的编制、审核和分析，检验概算控制目标值在施工图设计阶段的执行情况，发现偏差时，及时提供工程咨询的意见或建议。

4. 工程项目的施工阶段

该阶段造价管理的主要工作是工程造价动态控制。具体工作包括工程款使用计划的编制与工程合同管理、工程进度款的审核与确定、工程变更价款的审核与确定、工程索赔费用的审核与确定。

该阶段工程造价咨询内容的重点如下：

1）参与或者主持包括合同在内的各项工程合同的审查，并提出专业审查意见供委托方参考跟踪合同管理，及时提供联系单、费用签证论据，提供工程变更费用测算，对合同实施过程中的有关索赔条款做出及时的分析对策报告。

2）对原合同中暂定价格部分，随着专业分包合同的招标进程，不断校对核定投资额，提供成本控制建议，使项目总投资能符合拟定的投资目标。

3）对建设方、设计方的修改调整方案做出相应的费用分析和成本建议，对工程变更进行审核，并签发付款建议书。

4）加强设备和材料的采购管理，合理安排资金使用，为委托方制订合理的资金使用计划。

5）参与无价材料的市场考察，针对无价材料，提供市场调查分析报告，提出意见供委托方参考；对无定额项目分析组价，提出意见供委托方参考。

6）对特殊的项目，按实施方案编制单位估价测算与建议书。

7）对总包及各专业分包商提交的进度付款申请，根据施工图预算及合同条款做出合理的审定，并向建设方发出相应的中期付款建议书。

8）从造价角度帮助发承包双方进行施工组织设计的合理优化，选择技术上可行、经济上合理的施工方案进行施工。

9）按工程进展节点进行分阶段工程结算，结合阶段控制目标进行投资偏差分析并提出纠偏建议。

10）提供阶段性造价控制的动态分析报告，对成本控制综合情况做出评价，结合阶段控制目标进行投资偏差分析并提出纠偏建议。

5. 工程项目的竣工阶段

该阶段造价管理的主要工作是编制建设工程竣工结算、决算报告。具体工作包括竣工结算编制或审核、保修回访、试运行效果评估等。

该阶段工程造价管理的重点如下：

1）对交付工程与建设方要求的符合性进行审核。

2）严格核对合同条款，进行竣工结算审核。

3）编制符合实际的竣工结算（或决算）报告，分析投资使用情况，对超支部分分析原因，进行工程技术经济指标分析。

4）项目后评价。在项目已经完成并运行一段时间后，对项目的目的、执行过程、效益、作用和影响进行系统的、客观的分析和总结。

上述不同阶段的工作重点实际上也是对本书前面章节的总结。不同之处在于：工程总承包模式下，上述阶段中的各项工作是由同一个主体（建设单位或总承包商委托的造价咨询企业）将造价管理贯穿于项目全过程，对上下游工作之间的关联、对造价的影响会提前预知并考虑，全过程造价管理会成为真正的主动、集成化管理。

7.5.4 工程总承包下全过程造价管理的实施建议

工程项目的总承包是一个系统工程，涉及工程设计、采购、施工等多个环节，与传统承发包模式的项目在造价管理方面有着显著的区别。工程总承包项目的全过程造价管理是一个系统的、集成的造价管理与控制体系。为了确保此体系的有效运行，提出如下建议：

1. 全面贯彻全过程造价管理的思想与目标

无论是建设方还是工程总承包商推进全过程造价管理的实施，首先都应将全过程造价管理的思想贯穿于企业的每个部门及相关管理人员，在部门协调与分工合作中构建全过程造价管理流程。同时，还应将其思想传达给合作伙伴，并对造价咨询企业的业务范围及内容做好授权与配合。

2. 力求标准化、程序化、规范化

应加强对设计部门的监督管理，将设计过程中的经济指标量化，对设计方案进行比较和优化，有效控制造价。在设计过程中，设置施工部门、采购部门介入工作的时间节点，使设计成果的可施工性更强，项目所需材料的采购周期更短，达到减少项目实施过程中的设计变更，缩短工期的目的。

3. 重视建筑信息技术的应用

以 BIM 为代表的建筑信息技术在全过程造价管理中的作用越来越重要。在项目实施过程中，设计、施工的所有变化过程中都应实现实时控制，引入工程计划与进度、材料消耗控制、工程计量与结算等系统，增加造价的管理力度，使造价管理程序化、精细化。

7.6 本章小结

工程总承包项目实施模式，集工程设计、采购、施工于一体，更能调动工程总承包商的主观能动性，充分发挥其管理能力，提高工作效率，减少协调工作面与协调工作量，为建设项目建设方和承包人双方创造更大的效益。

本章对国际工程总承包进行了分类，梳理了我国目前的工程总承包实践情况、优势和劣势以及实践过程中发现的问题。在此基础上，对工程总承包与全过程造价管理的相辅相成关系进行了论述，对工程总承包模式下的全过程造价管理工作内容、实施建议进行了阐述。

在总承包模式下，建设方或总承包商会不由自主地将上下游建设阶段的造价管理予以衔接，有利于全过程造价咨询企业将众多利益相关者组成一个系统，进行全过程造价咨询业务的过程就成为一个系统运行的过程。全过程造价咨询企业的工作就转化为帮助委托方实现真正意义上的过程集成的全过程造价管理。

参考文献

[1] 郭红侠，赵春红．建设工程造价概论［M］．北京：北京理工大学出版社，2018．

[2] 周美容，朱再英，付德成．工程造价概论（双色版）［M］．上海：上海交通大学出版社，2017．

[3] 张友全，陈起俊．工程造价管理［M］．2 版．北京：中国电力出版社，2014．

[4] 周和生，尹贻林．建设项目全过程造价管理［M］．天津：天津大学出版社，2008．

[5] 任彦华，董自才．工程造价管理［M］．成都：西南交通大学出版社，2017．

[6] 张琴．全过程造价管理在 Z 项目中的应用研究［D］．成都：西华大学，2018．

[7] 中华人民共和国住房和城乡建设部．住房和城乡建设部办公厅关于印发工程造价改革工作方案的通知［Z］．2020．

[8] 国家（发展）计划委员会．关于控制建设工程造价的若干规定［Z］．1988．

[9] 中华人民共和国住房和城乡建设部．住房和城乡建设部标准定额司 2017 年工作要点［Z］．2017．

[10] 中华人民共和国住房和城乡建设部．关于进一步加强房屋建筑和市政基础设施工程招标投标监管的指导意见：征求意见稿［Z］．2019．

[11] 沈杰．工程造价管理［M］．南京：东南大学出版社，2006．

[12] 中国建设工程造价管理协会．建设工程造价管理基础知识［M］．北京：中国计划出版社，2007．

[13] 严玲，尹贻林．工程估价学［M］．北京：人民交通出版社，2007．

[14] 郭晓平．项目可行性研究与投资估算、概算［M］．北京：中国电力出版社，2016．

[15] 尚梅．工程估价与造价管理［M］．北京：化学工业出版社，2008．

[16] 彭奕晖．EPC 建筑项目总投资估算研究［D］．南宁：广西大学，2017．

[17] 于洋，杨敏，叶治军．工程造价管理［M］．成都：电子科技大学出版社，2018．

[18] 陈蔚．建设项目设计阶段工程造价的控制研究［D］．西安：西安建筑科技大学，2007．

[19] 黄兴宇．建设项目设计管理及设计阶段造价控制方法研究［D］．重庆：重庆大学，2005．

[20] 马楠，周和生，李宏顾．建设工程造价管理［M］．2 版．北京：清华大学出版社，2012．

[21] 李媛．工程招投标与合同管理［M］．北京：清华大学出版社，2010．

[22] 刘晓勤．建设工程招投标与合同管理［M］．上海：同济大学出版社，2009．

[23] 邵晓双，李东．工程项目招投标与合同管理［M］．武汉：武汉大学出版社，2014．

[24] 刘晓翠．基于 BIM 技术环境的建设工程合同体系设计的初步研究［D］．重庆：重庆大学，2015．

[25] 李海凌，王莉．建设工程招投标与合同管理［M］．北京：机械工业出版社，2018．

[26] 杨静，姚新宇．建设工程的合同体系［J］．施工技术，2015，44（S2）：708-711．

[27] 刘允延．建设工程造价管理［M］．北京：机械工业出版社，2007．

[28] 彭红涛．工程造价管理［M］．北京：中国水利水电出版社，2012．

[29] 朱佑国．工程造价管理图解［M］．北京：化学工业出版社，2008．

[30] 郭树荣．工程造价管理［M］．北京：科学出版社，2010．

[31] 陈静．探析全过程造价管理模式下的工程造价控制［J］．中国住宅设施，2020（8）：125-126．

[32] 胡敏．工程造价全过程控制在施工阶段的控制内容［J］．住宅与房地产，2020（18）：34．

[33] 梁晋．工程合同价款调整五种处理方法［J］．中国招标，2019（38）：23-28．

[34] 李群堂．建设工程施工合同价款调整影响因素及调整方法分析［J］．中国工程咨询，2020（12）：

64-68.

[35] 刘建昌. 工程合同价款调整中关注要点及分析 [J]. 建材技术与应用, 2019 (6)：20-22.

[36] 杨琳. 建筑工程施工和竣工结算阶段的工程造价控制 [J]. 建筑工程技术与设计, 2017 (24)：1393.

[37] 李英, 于衡. 工程造价概论 [M]. 北京：北京理工大学出版社, 2016.

[38] 邱银妮. 探讨建筑工程项目竣工结算阶段造价的控制 [J]. 农家科技 (下旬刊), 2020 (4)：188.

[39] 赵春红, 贾松林. 建设工程造价管理 [M]. 北京：北京理工大学出版社, 2018.

[40] 张昆. 竣工结算阶段的工程造价审核控制要点初探 [J]. 建筑工程技术与设计, 2016 (1)：258.

[41] 叶崇文, 罗红梅. 浅谈业主方对建设项目造价合理控制的方式 [J]. 中华建设, 2018 (11)：80-81.

[42] 魏凯波. 建筑工程竣工结算造价的审核分析 [J]. 水利水电工程造价, 2020 (3)：15-16.

[43] 赵秋红. 浅析工程质量保修期与缺陷责任期的异同 [J]. 经贸实践, 2017 (23)：329.

[44] 王伟. 建设工程缺陷责任期与保修期的区别 [J]. 建筑, 2019 (15)：42-43.

[45] 工程建设项目总承包管理 [DB/OL]. (2019-8-20) [2020-6-13]. https://wenku.baidu.com/view/5a6a666118e8b8f67c1cfad6195f312b3069eb26.html.

[46] 张耿. EPC 工程总承包项目的成本管理方法探究 [D]. 西安, 长安大学, 2019.

[47] 王毅. 工程总承包项目本身潜在重要先天因素对工程进度影响的分析及对策 [J]. 核工业勘察设计, 2015 (4)：60-64.

[48] 王赫. EPC 工程总承包设计审批的影响因素分析 [D]. 天津, 天津大学, 2015.

[49] 魏鸿娟. EPC 模式下业主投资控制系统的理论及其应用研究 [D]. 长沙, 湖南大学, 2013.

[50] 陈鑫范, 张泽诚. 我国推行 EPC 工程总承包模式的困境与对策 [J]. 中国勘察设计, 2020 (11), 71-77.

[51] 王奕麟, 崔艳秋. 工程造价咨询企业开展全过程工程咨询服务对策研究 [J]. 经济师, 2020 (11)：69-70.

[52] 张健. 全过程工程咨询各阶段的控制要点分析 [J]. 建筑与预算, 2020 (10), 14-16.

[53] 刘战锋, 刘龙, 董联杰, 等. EPC 总承包工程项目风险管理及应对措施 [J]. 工程技术研究, 2020, 5 (19), 135-136.

[54] 周经纬. 工程项目建设的全过程造价咨询管理分析 [J]. 江西建材, 2020 (8), 248-249.

[55] 丰琳琅, 张玲. 工程建设全过程咨询服务模式与价值体现研究 [J]. 中国工程咨询, 2019 (7), 51-53.

[56] 康宁. 建筑全过程造价咨询的思考 [J]. 门窗, 2019 (10), 33.

[57] 王宏海. 全过程工程咨询的思考和认知 [N]. 建筑时报, 2018-10-22 (6).

[58] 冯瀚琳. 工程总承包和全过程咨询模式探讨 [J]. 建筑与装饰, 2020 (1), 68.

[59] 姜斌. 工程总承包项目的全过程工程咨询服务分析 [J]. 建材与装饰, 2019 (19), 126-127.

[60] 邵康, 章维飞, 黄江. EPC 工程总承包模式在项目上的应用 [J]. 山西建筑, 2020, 46 (9), 184-186.

[61] 陈伟, 赵园. 浅议全过程造价咨询服务过程中的造价管理 [J]. 建筑工程技术与设计, 2019 (20)：1301.

[62] 倪贺明. 在建设项目管理中实施全过程造价咨询的必要性研究 [J]. 建筑工程技术与设计, 2019 (3), 1107.

[63] 王奇凡. 建筑工程项目建设全过程造价咨询管理的思考分析 [J]. 低碳世界, 2020, 10 (1), 195-196.